趣玩 TEAM

成为小小工程师

【英】卡洛琳·艾利斯顿 / 著　　【美】汤姆·康奈尔 / 绘　　黄盼盼 / 译

U0166714

中国出版集团　　现代出版社

版权登记号：01-2020-2414

图书在版编目（CIP）数据

成为小小工程师 /（英）卡洛琳·艾利斯顿著；
（美）汤姆·康奈尔绘；黄盼盼译 . —北京：现代出版
社，2020.9
（趣玩 STEAM）
ISBN 978-7-5143-8479-6

I.①成… II.①卡… ②汤… ③黄… III.①科学实
验 - 少儿读物 IV.① N33-49

中国版本图书馆 CIP 数据核字 (2020) 第 093472 号

Developed and written by: Caroline Alliston MA(Cantab), MSc,
CEng FIMechE
Illustrator: Tom Connell
Photographer: Michael Wicks
Model maker: Fiona Hayes
Design and editorial: Starry Dog Books Ltd
Consultants: John Harvey and Alex Alliston

© 2018 Quarto Publishing plc
Simplified Chinese translation © 2020 Modern Press

成为小小工程师

作　　者　［英］卡洛琳·艾利斯顿
绘　　者　［美］汤姆·康奈尔
译　　者　黄盼盼
责任编辑　王　倩　滕　明　岑　红
出版发行　现代出版社
通信地址　北京市安定门外安华里 504 号
邮政编码　100011
电　　话　010-64267325　64245264（传真）
网　　址　www.1980xd.com
电子邮箱　xiandai@vip.sina.com
印　　刷　北京华联印刷有限公司
开　　本　787mm×1092mm　1/16
印　　张　7.5
字　　数　100 千
版　　次　2020 年 9 月第 1 版　2020 年 9 月第 1 次印刷
书　　号　ISBN 978-7-5143-8479-6
定　　价　56.00 元

前言

用灵感把我们的世界变得更加美好

我们生活在一个"制造而成"的世界。如果没有工程师和科学家创造的种种便利，我们就不会有房子、汽车、食物、衣服、医疗保健以及娱乐。今天我们面临着真正的全球性挑战，例如养活不断增长的人口，应对气候变化。

这本书提供了 25 个令人兴奋的趣味手工制作，来鼓励创造性思维和解决问题的能力。我希望这本书能够激发下一代工程师和科学家，他们需要将我们的世界变得更美好。

目录

来点灵感   6

小电机和灯泡电路   8

滚动起来

CD 赛车   10

平衡体操运动员   14

气球车   16

弹珠迷宫   20

弹珠跑道   22

振动刷怪兽   26

水花飞溅

航海船   32

笛卡儿浮沉子   34

雪糕棒桥   36

螺旋桨小船   40

空中飞翔

泰迪熊高空飞索   44

跺脚火箭   48

滑翔机   52

投石机   56

居家必备

时钟   64

掌上风扇   70

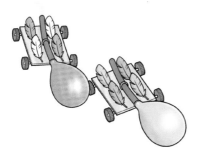

手电筒   **74**

电动童车   **112**

让光工作

- - - - - - - - - - - - - - - - - - -

词汇表   **118**

硬币电池   **78**

彩色转轮   **80**

潜望镜   **84**

平稳的手臂游戏   **88**

在太空轨道上运行   **92**

自己编程

- - - - - - - - - - - - - - - - - - -

控制器设置   **98**

交通灯   **100**

飞椅   **106**

来点灵感

用 25 个令人兴奋的工程和挑战，测试你的设计力、创造力和工程技能。

安全操作

在开始制作之前一定要得到大人的同意，必要的时候，要请他们帮忙。

剪刀
使用剪刀时小心不要伤到自己，使用尖头剪刀时，请大人给自己做示范。

木签
为了避免危险，将尖的那一端剪掉 5 毫米，使得木签没那么尖锐，用它来帮自己组装模型。

热熔胶枪
选择儿童用的低温热熔胶枪，切勿触摸胶枪嘴和熔化的热胶，以免烫伤。铺一块胶垫保护桌面。别把胶弄到你的衣服上。使用热熔胶枪前，确保你的手和胶枪是干燥的。如果你没有热熔胶枪，可以用双面泡沫胶带来替代。

电源
使用电源的时候要小心，确保安全、正确地使用这些电器。

儿童手工锯和钻头
使用这些工具前，确保用台虎钳夹紧你在做的东西，这样才不会伤到你的手。

小锥子和削尖的铅笔
当心小锥子和削尖的铅笔扎到自己，也不要让它们靠近你的眼睛。

旋转的螺旋桨
不要让它靠近你的眼睛和头发。不要把手指放入旋转的螺旋桨叶中。

自锁式尼龙扎带
一定不要在任何人的手指上缠紧扎带。

做好准备

在开始一项制作前，确保准备好了所有需要的工具和材料——每个制作都有单独的"你需要"列表。阅读步骤说明，清楚做这个模型的每个步骤。"现在你可以"和"工作原理"为你提供更多挑战和科学解释。

在家中的任何地方找找看，很多家用物品都可以派上用场。你可以收集旧 CD 和 DVD、聚苯乙烯泡沫板、软木塞、塑料瓶盖和塑料瓶。

木头、台虎钳和电器部件都可以在五金店或网店买到。有的部件可以重复使用，完成一个模型后拆散，就可以做另一个。

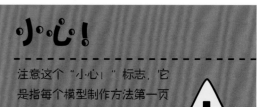
小心!
注意这个"小心!"标志，它是指每个模型制作方法第一页上的警告说明。美工刀、电动工具和小型修枝剪是只有大人才能使用的工具。

难度等级 这些项目从简单到高级，分为 3 个不同等级。

难度等级 ▶▶▶▶▶▶ 1

8 个有趣的项目，为你的工程技能打好基础。

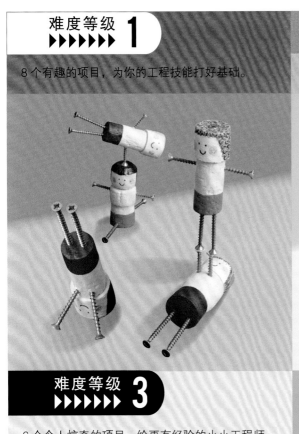

难度等级 ▶▶▶▶▶▶ 2

11 个令人兴奋的项目和挑战，测试你的创造力。

难度等级 ▶▶▶▶▶ 3

6 个令人惊奇的项目，给更有经验的小小工程师。

去哪里买零件

电子零件在第 8 页和第 98 页有介绍。如果条件允许，你可以从下面的外国供应商处购买零件。

- scienceprojectstore.com
- allelectronics.com
- jameco.com
- sparklelabs.com
- redfernelectronics.co.uk

当然也可以在国内的网店或五金店购买相同规格的替代品。成品的外观并不重要，重要的是享受制作的乐趣并理解其工作原理。

你需要：

这些是设计小电机和灯泡电路所需要的电子零件（部件）。

1 个电池扣接头

1 个可装两节 5 号电池的电池座

3 根鳄鱼夹导线

1 个拨动开关（SPST）

两节 5 号电池（氯化锌电池或类似的电池）

1 个 3V 小电机，5000rpm（每分钟转动次数）

1 个带有 3V 螺口灯泡的 MES 灯座

介绍

小电机和灯泡电路

下面将告诉你如何连通电路，进而制作振动刷怪兽、螺旋桨小船、掌上风扇、手电筒和平稳的手臂游戏。

1 拿一根鳄鱼夹导线，把一端接到电池扣接头的红色导线旋入端上，将另一端接到拨动开关的一个接头上。

旋入端

2 拿第二根鳄鱼夹导线，将一端接到小电机（或灯座）的接头上，另一端接到拨动开关剩下的一个接头上。

小电机（或灯座）

3 将第三根鳄鱼夹导线的一端接到电池扣接头的黑色导线上，将另一端接到灯座（或小电机）剩下的接头上。

4 将电池扣接头牢固地接在电池座上，将电池装进电池座，确保电池平坦的那一端（负极）对着弹簧。

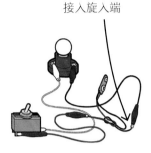

接入旋入端

第88页"平稳的手臂游戏"要连接这里

第74页"手电筒"要连接这里

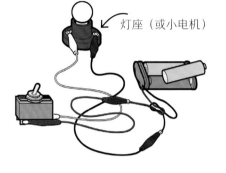

灯座（或小电机）

5 打开开关，确认电机轴在运转（或灯泡是亮着的）。关闭开关，确认电机轴停止运转（或灯泡熄灭）。

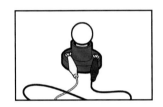

6 如果电路不工作，试试按压直接连接电池和灯座（或小电机）接头的导线。直到电路正常工作，再接入其他部分。

如何避免短路？

- 不要直接连接电池扣接头的导线，它们必须通过电机或灯座来连接。
- 不要使用碱性电池或者可充电电池，当发生短路时，它们会变得非常烫。
- 将电池扣接头的导线打一个平结，这样旋入端就会指向不同的方向。
- 确保塑料套管（绝缘体）覆盖住鳄鱼夹导线，以防金属部分（导体）意外接触。

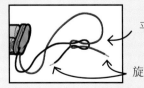

平结

旋入端

鳄鱼夹导线

塑料套管

滚动起来

CD 赛车

拧紧橡皮筋，让你的CD赛车在地板上加速

你需要：

1 个棉线轴

2 个旧 CD/DVD

橡皮筋（不同大小）：1 毫米厚，3~4 毫米宽，7~9 厘米长

1 个橡皮擦

1 个 M10 塑料垫圈（最好是塑料的）或者金属垫圈

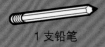

1 支铅笔

你的工具箱：

砂纸、低温热熔胶枪或双面泡沫胶带（12 毫米宽、1 毫米厚，推荐强力型）、木签或曲别针

撕掉棉线轴两端的纸标签。把一张 CD 固定在棉线轴的一端。

 将第二张 CD 固定在棉线轴的另一端。

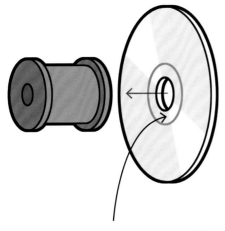

用砂纸轻轻摩擦 CD，使其表面变得粗糙，有利于涂胶水

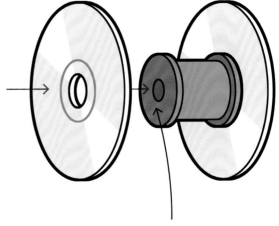

对齐棉线轴和 CD 中间的孔，确保孔不被胶水或胶带封堵

 将橡皮筋穿进中间的孔，两端露出橡皮筋圈。

 在一端的橡皮筋圈内塞入橡皮擦。

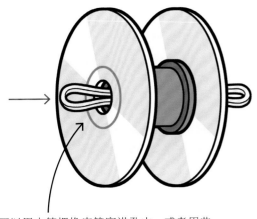

你可以用木签把橡皮筋塞进孔中，或者用曲别针做的钩子把橡皮筋拉出来

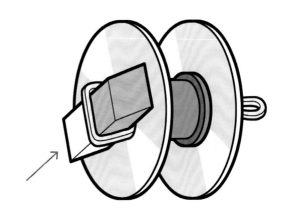

5 将另一端的橡皮筋圈穿过垫圈，露出橡皮筋圈。

6 将铅笔插入挨着垫圈的橡皮筋圈里。

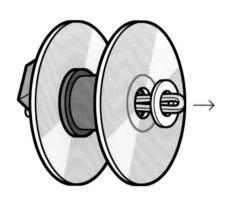

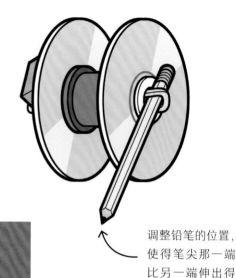

调整铅笔的位置，使得笔尖那一端比另一端伸出得更长

建议和提示：

在转动铅笔加速之前，橡皮筋应该是松的。如果橡皮筋是紧绷的，换一根更长的橡皮筋。否则，多余的摩擦力会使 CD 赛车的速度降低。如果橡皮筋太松了，换一根短的试试。

7 给你的 CD 赛车加速，用一只手握住橡皮擦，另一只手转动铅笔 10~15 次。转动铅笔时，感受阻力的增长。

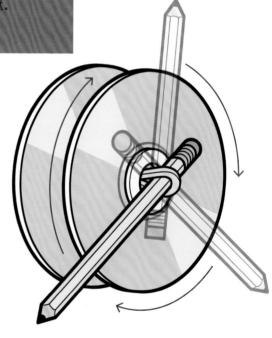

8 将你的 CD 赛车放在光滑的平面上，笔尖向后。松手，看赛车在地面上加速前进吧！

如果转动铅笔的次数不够，CD 赛车就不会跑得太远。如果转动的次数过多，橡皮筋可能会被拉断

工作原理：

CD 赛车将紧绷时橡皮筋中的弹性势能转变为松开时的动能，使得赛车移动。运动中零件产生的摩擦力也能转化成热能和声音。

松开橡皮筋时，橡皮擦（橡皮擦由一种摩擦力强的材料制作而成）会转动，进而带动 CD 装置。垫圈的摩擦力很小，使得 CD 装置在铅笔指向同一个方向时也能转动。铅笔尖的摩擦力非常小，使其能在平滑的表面上轻松滑动。

现在你可以：

* 以不同的次数拧紧橡皮筋，比较赛车分别能跑多远的距离。

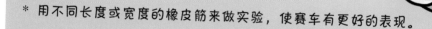

* 用不同长度或宽度的橡皮筋来做实验，使赛车有更好的表现。

* 削尖或者削短铅笔，使铅笔伸出长一些或者短一些。

* 改变垫圈材质，或者用洗涤液、自行车润滑油润滑垫圈，减少摩擦力。

* 在不同的表面上测试 CD 赛车。

* 向朋友挑战，进行一级方程式 CD 赛车比赛吧！

滚动起来

平衡体操运动员

让你的体操运动员表演令人惊叹的平衡技巧吧！

你需要：

8 个软塞

7 个米字槽螺丝钉，直径 4 毫米、长度 40 毫米

10 个米字槽螺丝钉，直径 4 毫米、长度 50 毫米

8 个米字槽螺丝钉，直径 4 毫米、长度 30 毫米

你的工具箱：

儿童手工锯、小锥子或削尖的铅笔、小钻孔机和直径 4 毫米的钻头、螺丝刀、油性记号笔

⚠ **小心**：使用儿童手工锯和小钻孔机时要格外小心，最好请大人协助。

1 将软塞锯成两半，在顶端分别钻孔，孔要穿透软塞。将半截的软塞分别与完整的软塞组合，将40厘米长的螺丝钉通过孔拧入软塞中，固定两部分软塞。

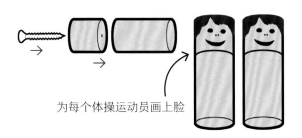

为每个体操运动员画上脸

2 制作站姿体操运动员。在身体下方垂直拧两个50毫米长的螺丝钉，然后在身体两侧各拧一个30毫米长的螺丝钉。

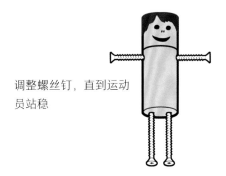

调整螺丝钉，直到运动员站稳

3 制作躺姿体操运动员。拧好它的手臂（用两个30毫米长的螺丝钉）和腿（用50毫米长的螺丝钉），如下图所示。

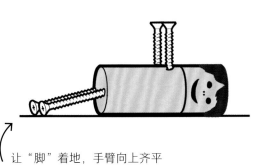

让"脚"着地，手臂向上齐平

4 让站姿运动员平稳地站在躺姿运动员的手上。如果站姿运动员掉下来了，调整螺丝钉，直到站稳。

站姿运动员的重心要正好落在这里，才能保持平衡

工作原理：

下面的运动员需要提供稳定的水平支撑，使得另一个运动员保持平衡。上面运动员的重心要正好落在支撑点上。

现在你可以：

* 让一个体操运动员做头手倒立的动作。用40毫米长的螺丝钉做手臂。

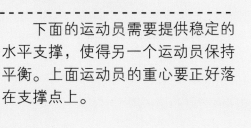

* 让一个体操运动员做劈叉的动作，另一个体操运动员单手立在它的头上。你可能需要调整上面运动员的手臂，来让它保持平衡。

你需要：

1 张瓦楞纸板或塑料板
（2~3 毫米厚）

两根直的塑料吸管

1 根花园浇水用的软管，
直径 1.5 厘米、长度 24
厘米

自锁式尼龙扎带，长度为
10~20 厘米

两根木签

4 个塑料的牛奶瓶盖

1 个圆形的舞会气球

较轻的装饰物，如羽毛、
金属箔（备选）

你的工具箱：

削尖的铅笔、尺子、剪刀、
低温热熔胶枪或双面泡沫
胶带、卷笔刀、粘土免钉
胶、小型修枝剪

滚动起来

气球车

做一个气球车，在地上嗖嗖地呼啸而过。

⚠ 小心：小心削尖的铅笔。只有大人才能使用小型修枝剪。

在瓦楞纸板上画一个长方形，如下图所示，剪下来作为气球车的底盘。

 在纸板两端画直线，距离边缘 2 厘米。用胶在每条线上分别固定一根 14 厘米长的吸管。

（单位：厘米）

（单位：厘米）

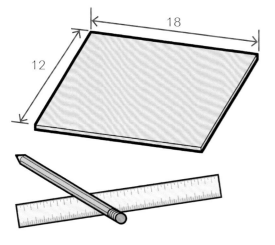

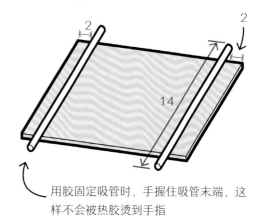

用胶固定吸管时，手握住吸管末端，这样不会被热胶烫到手指

3 将底盘翻过来，把软管绑在底盘上。将软管一端向上弯曲，防止气球与地面产生摩擦。

 用剪刀剪掉木签的尖端。用卷笔刀将另一端稍微修得尖一点，这有助于安装车轮。

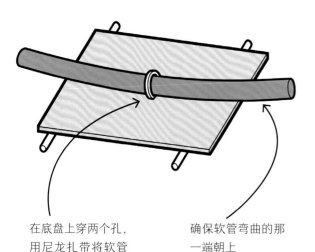

在底盘上穿两个孔，用尼龙扎带将软管牢固地绑在底盘上

确保软管弯曲的那一端朝上

剪掉尖头部分，避免戳伤手指

将塑料瓶盖开口向下，放在粘土免钉胶上。用削尖的铅笔在每个瓶盖的中心刺一个孔，或者在大人的帮助下，用锥子戳一个孔。

 将木签（轴）穿过吸管。将瓶盖插在木签两端，向内推至吸管末端。请大人用修枝剪剪掉多余的木签。

将铅笔垂直竖立，否则笔芯容易断

孔不要刺太大，以能固定木签为最佳

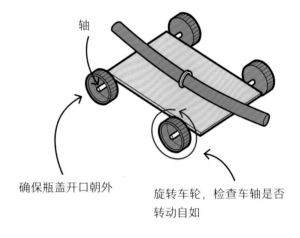

轴

确保瓶盖开口朝外

旋转车轮，检查车轴是否转动自如

 将气球套在软管朝上的一端，从软管另一端吹气，使气球膨胀。紧握气球口，将气球车放在平滑的地面上，然后放手。

 你可以给气球车涂色、画画，或者粘一些较轻的装饰物，如羽毛。

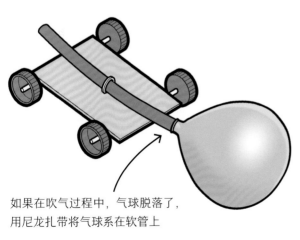

如果在吹气过程中，气球脱落了，用尼龙扎带将气球系在软管上

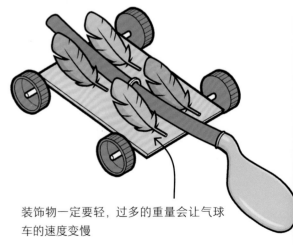

装饰物一定要轻，过多的重量会让气球车的速度变慢

现在你可以：

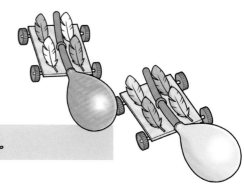

* 向朋友挑战，看看谁的气球车跑得快。

* 在不同的地面上测试气球车。

* 尝试使用不同大小、不同形状的气球，看看哪种效果最好。

* 进一步调整气球车，防止气球与地面产生摩擦。

* 修理你的气球车！如果吸管松动了，用尼龙扎带系好，但不要系得太紧，否则车轮将无法自由转动。

工作原理：

- -

气球里储藏着压缩过的空气。当你放开握住气球口的手时，气流会从软管的另一端喷出，推动气球车前进。气球车所在的地面必须是光滑的。如果地面太粗糙，气流产生的推力可能无法克服摩擦力，气球车就不能移动了。

滚动起来

弹珠迷宫

设计一个复杂的弹珠迷宫，迷宫里遍布岔路和死胡同。

你需要：

1块正方形木板，例如密度板（MDF）、硬纸板或胶合板。厚度约3毫米，边长30厘米

1根长约4米的方形木条，横截面的边长为1~1.2厘米

1个弹珠

你的工具箱：

砂纸、尺子、铅笔、台虎钳、儿童手工锯、低温热熔胶枪、A3纸

⚠️ 小心：用儿童手工锯的时候要小心，可以请大人帮忙。

游戏

这个游戏的目标是……

倾斜木板，让弹珠在迷宫中滚动，到达终点之前尽量避免走错路。

 测量并锯下 4 段木条，用砂纸打磨，再用胶将它们固定在木板四周。

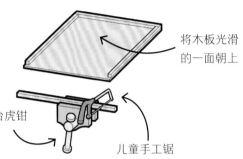

将木板光滑的一面朝上

台虎钳

儿童手工锯

 先在纸上设计迷宫，使得弹珠必须经过木板的大部分区域。

设计岔路时加入死胡同，或者让通道变窄，从而阻碍弹珠通过

 按照设计图依次准备每块木头，并逐一粘在木板上。用弹珠测试通道的宽度。

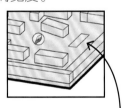

先标记木头的位置，再用胶固定，以确保每块木头都摆在正确的位置上

 测试迷宫。让弹珠沿着正确的线路滚动，尽量避免走错路。

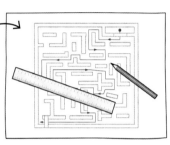

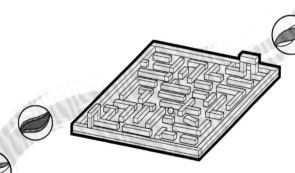

工作原理：

当木板倾斜时，重力（一种将物体牵引至地面的力）使弹珠滚动。调整木板倾斜的方向，使得弹珠绕开阻碍。

现在你可以：

 * 用拱门或者标签标记起点和终点。

 * 向朋友挑战，看看谁最先走完。

0:00

你需要：

1 块板子，例如瓦楞纸板、密度板或硬纸板。厚度 3~4 毫米，宽度 40 厘米，长度 60 厘米

2 个瓦楞纸板条，宽度 6 厘米、长度 60 厘米

2 个瓦楞纸板条，宽度 6 厘米、长度 40 厘米

1 个弹珠

1~2 个塑料瓶

不同材质的纸筒，例如硬纸筒、瓦楞纸筒，或者塑料、包装材料等

你的工具箱：

低温热熔胶枪、尖头剪刀、胶带、砂纸、秒表

滚动起来

弹珠跑道

让弹珠沿跑道行进，并挑战 10 秒钟纪录，你想尝试一下吗？

22

⚠ 小心：使用尖头剪刀时要小心，要请大人做示范。

这个工程的挑战是……

1. 让弹珠从跑道的顶部滚动到底部，越接近 10 秒钟越好。
2. 建跑道的板子不能超过 60 厘米长、40 厘米宽。
3. 你可以多花些时间来设计跑道。

 在板子的四周粘上瓦楞纸板条，如下图所示。这样能够防止弹珠从边缘掉下去。

 为你的弹珠跑道设计一个支架，并将其粘在板子的背面。

将瓦楞纸板条的边缘粘起来

你能想办法，制作一个可调节倾斜角度的支架，进而改变弹珠的速度吗

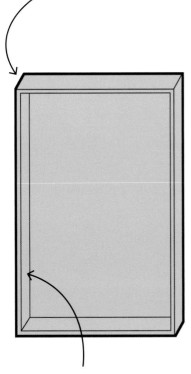

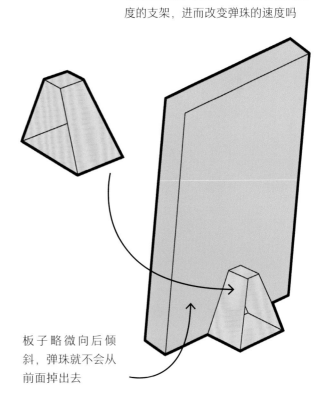

用硬纸板做边缘可以让整体更坚固

板子略微向后倾斜，弹珠就不会从前面掉出去

用尖头剪刀剪开塑料瓶的瓶身，留下顶部，做成漏斗。在板子顶部的瓦楞纸板条上剪出一个拱形，卡入漏斗后粘牢。

设计弹珠滚动的跑道。测试每条跑道，成功后再增加下一条跑道。用纸板条制作多条倾角略小的跑道。

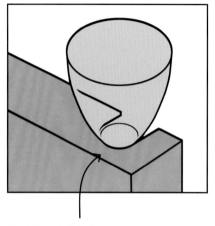

拱形的大小要与瓶颈相匹配

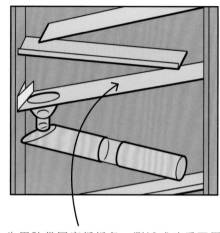

先用胶带固定纸板条，测试成功后再用胶粘牢

将砂纸粘在纸板条上，以减缓弹珠滚落的速度。为了防止弹珠脱离跑道，为纸板条做一个边沿。

计时开始，看看弹珠从顶部滚落到底部需要用多长时间。

砂纸

边沿

剪下塑料瓶的底部，收集滚下来的弹珠

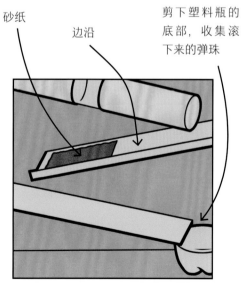 

离 10 秒钟还差多少

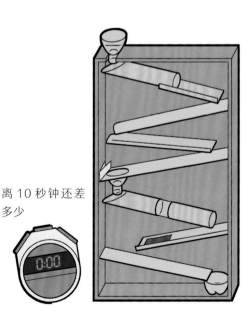

工作原理：

弹珠因为重力从上往下滚动。如果让弹珠从板子的顶部自由下落，不到 1 秒钟就能落地。通过延长弹珠的运动路径、增加停顿次数、改变运动方向、使用不同倾角的斜坡，减缓了弹珠的落地速度。增加跑道的粗糙度，也能减缓弹珠的速度。

现在你可以：

做一些调整，使完成时间更接近 10 秒钟这个目标时间。

* 改变纸板条的倾角，从而减缓或加快弹珠的速度。

* 调整支架，从而改变弹珠跑道的倾斜度。

* 改变纸板条的表面。如果你用的是瓦楞纸板条，撕掉平坦的表面，让弹珠在凹凸不平的表面上滚动。

* 加入一些小的坡道，让弹珠跳起来。

* 试试加一个环形旋转跑道！

你需要：

与电路相关的：

1 个电池扣接头
1 个电池座
3 根鳄鱼夹导线
1 个拨动开关
1 个小电机
两节 5 号电池

1 块木头，厚度 1~1.2 厘米，宽度 3~3.5 厘米，长度 7 厘米

1 个电机架（塑料的，带自粘胶衬垫）

1 个床刷（刷毛硬且有倾角）

6 根尼龙扎带或束线带，长度 20~30 厘米

塑料金鱼眼

装饰物，例如雪尼尔绒线、羽毛

你的工具箱：

铅笔、尺子、儿童手工锯、台虎钳、砂纸、塑料瓶盖（直径 3 厘米）、木锉刀、带有直径 2 毫米钻头的钻孔机、剪刀、双面泡沫胶带、低温热熔胶枪（备选，用于粘装饰物）

滚动起来

振动刷怪兽

把床刷变成急速奔跑的怪兽，让你的朋友大吃一惊吧！

⚠ 小心：使用儿童手工锯和钻孔机时要格外小心，最好请大人协助。

使用电池扣接头、电池组、鳄鱼夹导线、拨动开关、小电机和 5 号电池，根据第 8~9 页的步骤说明，组装小电机电路。

 制作电机垫片。在木头上标出边长 2.5 厘米的正方形，用手工锯锯下来，再用砂纸打磨粗糙的边缘。

 将瓶盖放在剩下的木头上，沿着瓶盖边缘画圆圈。沿着圆圈将木头锯成圆木盘，然后用木锉刀打磨。

（单位：厘米）

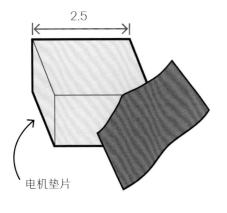

2.5

电机垫片

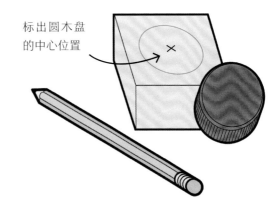

标出圆木盘的中心位置

×

 在圆木盘上标出 4 个孔，如下图所示，然后用台虎钳夹紧圆木盘，用钻孔机垂直钻孔。钻孔机要垂直拿正，否则钻的孔会过大，或者折断钻头。

 任选一个孔，插入电机轴，这个孔必须非常合适，否则圆木盘会飞出去。

（单位：毫米）

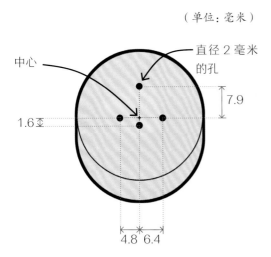

中心

直径 2 毫米的孔

7.9

1.6

4.8　6.4

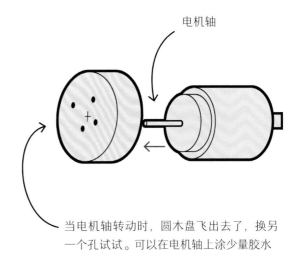

电机轴

当电机轴转动时，圆木盘飞出去了，换另一个孔试试。可以在电机轴上涂少量胶水

将小电机安装在电机架上。

小电机

电机架

 将电机架牢牢地固定在垫片上。然后在垫片的底部粘上两条双面泡沫胶带。

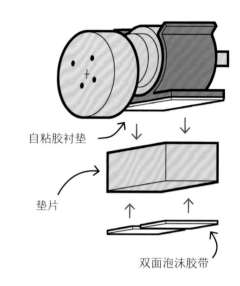

自粘胶衬垫

垫片

双面泡沫胶带

 将垫片粘在床刷上，如下图所示。床刷要足够宽，否则动力装置会掉下去。

动力装置

1.5

（单位：厘米）

将动力装置粘在距离床刷边缘 1.5 厘米处。如果太靠近边缘，你在步骤 10 中系上的尼龙扎带可能会滑落

 转动圆木盘，确保其不会撞到垫片、电机架或床刷顶部。

建议和提示：

如果圆木盘撞到了垫片或电机架，将电机沿电机架往外推。如果圆木盘撞到了床刷顶部，就减小圆木盘的直径，或增加垫片的厚度。

将尼龙扎带穿过刷毛，不要弄弯刷毛。用它将动力装置牢固地系在床刷上。

 用双面泡沫胶带将电池座粘在垫片侧面。用尼龙扎带固定电池组和鳄鱼夹导线。

将鳄鱼夹导线置于尼龙扎带下面，这样它们就不会因为振动而偏离电机触点

如果你的尼龙扎带太短，就把两根接在一起用

12 如果你用的床刷刷柄上有洞，可以将拨动开关装在那里。取下开关上的螺母和垫片，将圆柱部分推入洞中。将垫片放回原位，拧紧螺母。

13 如果你用的床刷刷柄上没有洞，用泡沫胶带和尼龙扎带将拨动开关固定在电池组旁边，如下图所示。

确保拨动开关固定牢靠

用尼龙扎带固定开关和鳄鱼夹导线

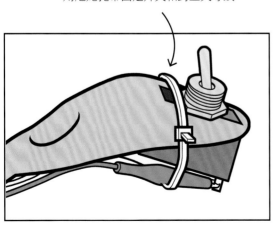

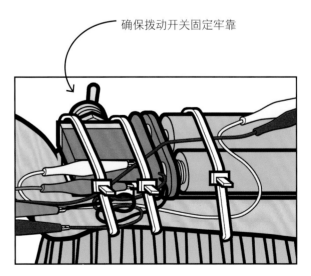

在平滑的地板上测试你的振动刷，确保它能正常工作。

 把刷柄下面的导线理顺，用尼龙扎带系在一起。剪断尼龙扎带的末端，注意不要剪到线！

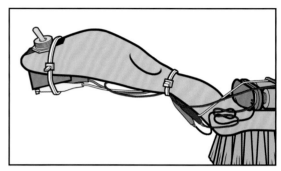

16 现在把振动刷变成怪兽吧！增加一些轻盈的装饰物，例如雪尼尔绒线和羽毛，然后粘上塑料金鱼眼。

装饰物越轻越好

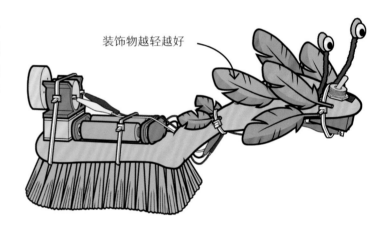

工作原理：

　　向不同方向捋刷毛，你会发现顺着刷毛倾角捋比逆着刷毛倾角捋更顺畅。圆木盘是用偏离中心的孔支撑的，当圆盘转动时，重心随之偏移，使得刷子振动。当振动方向逆着刷毛时，刷毛就会阻止振动。当振动方向顺着刷毛时，刷毛就会"顺从"，因此刷子就能在光滑的表面移动了。

现在你可以：

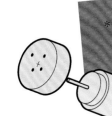

* 将电机轴插进圆木盘上不同的孔里，看看你的振动刷怪兽是否会有不同的表现。尝试偏移距离不同的孔，并对结果进行比较。哪一个孔会让你的振动刷怪兽跑得最快、最疯狂？

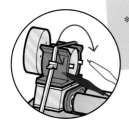

* 在不同材质的表面测试你的振动刷怪兽。

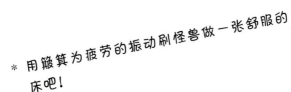

* 将电机背面连接接头的鳄鱼夹导线的位置进行对调，看看是否会影响振动刷怪兽的运动方向。

* 用簸箕为疲劳的振动刷怪兽做一张舒服的床吧！

水花飞溅

航海船

把泡沫板变成一艘船，让它在你的浴缸里航行吧。

你需要：

1块圆形聚苯乙烯泡沫板，直径不小于25厘米

1根木签（剪掉尖头部分）

1张薄卡片，例如食品包装盒的侧面

1个塑料的牛奶瓶盖

备选：1个船长，例如小塑料玩具（或者你可以自己做一个）

你的工具箱：

尺子、油性记号笔、剪刀、削尖的铅笔、粘土免钉胶、低温热熔胶枪、打孔机

⚠ **小心：** 使用削尖的铅笔时要小心。

在圆形泡沫板上画出船的底部，然后剪下来。船底要和圆形泡沫板的直径差不多长，并且足够宽。

⚠  在瓶盖上刺一个孔（见第 18 页，步骤 5），把瓶盖粘在船底。将木签（桅杆）插入瓶盖的孔中。

如果船底太窄了，可能会翻船

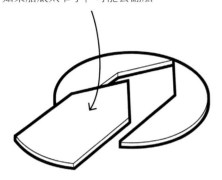

将桅杆立在船头，让风推动船前行

3 做一个比桅杆略短的卡片船帆。在船帆的顶部和底部各打一个孔，将船帆装在桅杆上。将船放在水上，朝船帆吹气。

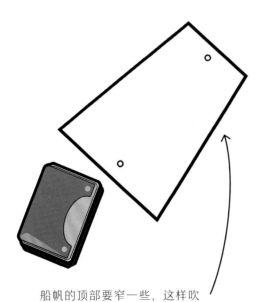

船帆的顶部要窄一些，这样吹动船帆时，就不太容易翻船

工作原理：

- -

　　帆船的设计与古埃及人使用的方法类似，即顺着风的方向航行。

　　现在的帆船设计则更加灵活，逆风航行也没问题。

现在你可以：

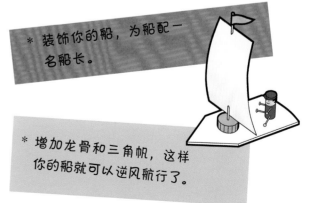

* 装饰你的船，为船配一名船长。

* 增加龙骨和三角帆，这样你的船就可以逆风航行了。

水花飞溅

笛卡儿浮沉子

让浮沉子沉到瓶底，然后再上升！

你需要：

1个一次性塑料滴管，5毫升（或3毫升）

1个 M10 的螺帽（如果用3毫升的滴管，就用M8 的螺帽）

1张彩色海绵纸，1.5毫米厚

1根小的橡皮筋

1个容易挤压的透明的塑料瓶

你的工具箱：

尺子、剪刀、油性记号笔

你知道吗？

笛卡儿浮沉子源自笛卡儿这个名字。勒奈·笛卡儿是17世纪法国科学家和数学家，据说浮沉子实验就是他发明的。

制作浮沉子。将螺母推到一次性塑料滴管上，并剪成下图所示的长度。用油性记号笔在滴管上画一张笑脸。

2 在彩色海绵纸上画出下图的形状，并剪下来。将其绕在螺母下方的滴管上，在合适的地方用橡皮筋束紧。

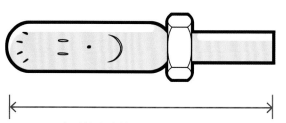

5毫升的滴管剪成8.5厘米长
3毫升的滴管剪成6厘米长

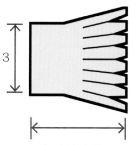
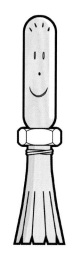

5毫升的滴管用4厘米长的海绵纸
3毫升的滴管用3厘米长的海绵纸

（单位：厘米）

3 将瓶子灌满水，把浮沉子放进去，拧上瓶盖。挤压瓶身，让浮沉子下沉。然后松开手，浮沉子就会重新浮到上面！

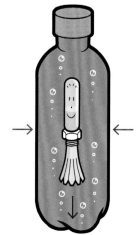

现在你可以：

* 你可以看到：挤压瓶身时，滴管中的水位上升；松开手时，水位又开始下降。

工作原理：

　　浮沉子包括较轻的空气和较重的金属螺母。浮沉子必须比同等体积的水轻才能上浮。挤压瓶身时，压力将滴管中的空气压缩，滴管中装了一部分水，浮沉子变重，于是下沉；松开手时，浮沉子中的空气膨胀，把水往外推，浮沉子变轻，于是上浮。

你需要:

50 根雪糕棒,长度为
9~12 厘米

1 根熔点低的热熔胶棒

一张 A3 纸

不少于 10 个食品罐头,
每个 500 克

1 个结实的购物布袋

1 段木头,约 4 厘米 × 4
厘米 × 25 厘米

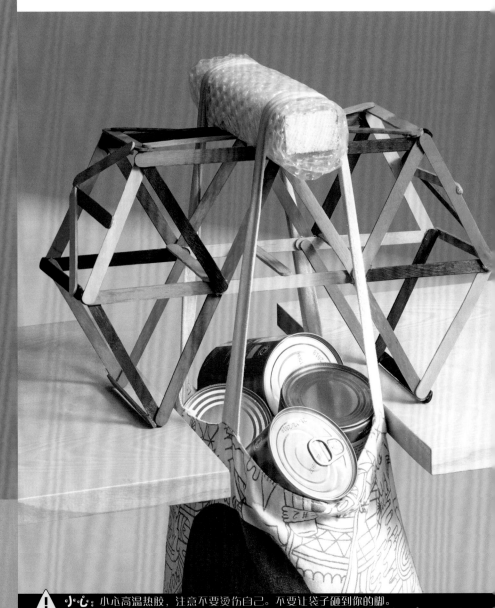

两张高度相同的桌子或
板凳

气泡包装膜或类似的柔软
的包装材料

你的工具箱:

低温热熔胶枪、铅笔、两
把塑料尺

水花飞溅

雪糕棒桥

制造一座坚固的雪糕棒桥,你只需要用
50 根雪糕棒。

⚠ **小心**:小心高温热胶,注意不要烫伤自己。不要让袋子砸到你的脚。

这个工程的挑战是⋯⋯

1. 你的桥必须跨越一条宽 20 厘米的"河"。
2. 桥的中段必须比河岸高出 7 厘米。
3. 你最多能使用 50 根雪糕棒和 1 根胶棒。

4. 你有 10 分钟来设计你的桥，1 个小时来建造它。
5. 建造完成后，可以用罐头测试你的桥到底有多坚固。

开始建造之前，先把全部的步骤读完。

 在纸上画出设计草图。你可以摆上雪糕棒作为辅助。

 开始建造！请朋友和你一起做，会更容易。

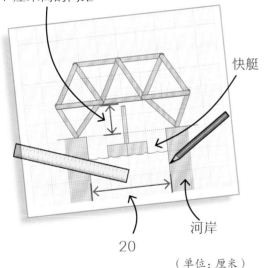

7 厘米高的间距

快艇

河岸

20

（单位：厘米）

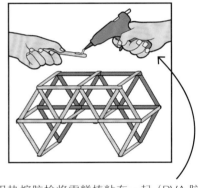

用热熔胶枪将雪糕棒粘在一起（PVA 胶需要很长时间才能变干）

 将两张桌子或板凳间隔 20 厘米放置。将你的桥架在中间。

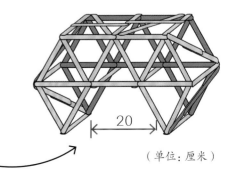

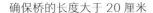
确保桥的长度大于 20 厘米

20

（单位：厘米）

在河岸中间水平放置一把尺子，然后用另一把尺子测量间距的高度。

 把木头用气泡包装膜包裹起来，将其横着放在桥上。

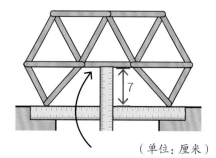

（单位：厘米）

7 厘米间距是到桥的底部

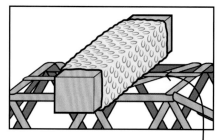

桥面部分必须平坦且牢固

 挂上布袋，如下图所示。轻轻地往布袋里逐个放入食品罐头，直到桥坍塌为止。认真观察桥是从哪里倒塌的。

 在桥坍塌之前，测算出它能承受的重量。数一数布袋里食品罐头的数量！

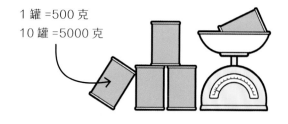

1 罐 =500 克
10 罐 =5000 克

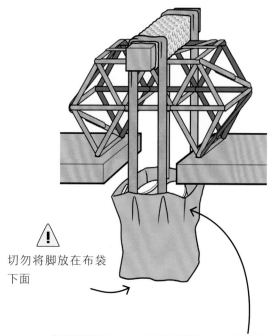

⚠ 切勿将脚放在布袋下面

布袋被撑开后，一定不要碰到桌子或板凳的腿，也不能碰到地面

工作原理：

在桥中央放上重物，桥的结构会把重量传递给支撑着桥的"河岸"。桥的结构必须稳固，否则承重时会坍塌。

建议和提示：

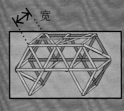

1. 你的桥要足够宽，才不会从一侧塌掉。

2. 在桌子之间的空隙处平放一把尺子。用手指按压尺子（不要太用力），观察尺子的弯曲度。现在，将尺子侧立在空隙上，向下按压尺子，你会看到尺子并没有弯曲。如果你把桥建造得足够厚，它就能承载更多的重量。

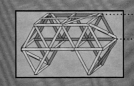

3. 三角形让桥的结构更稳定，因为在承重时，三角形不会像矩形那样扭曲变形。

4. 如果在桥建好之前，胶棒或雪糕棒就已经用完了，你可以额外再用1根胶棒或20根雪糕棒。但是测算承重量时，最先放进购物袋里的4个食品罐头不能计入最终的成绩里。

现在你可以：

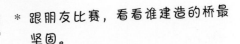

* 将桥倒塌时掉在地上的食品罐头装回购物袋里，感受一下你的桥所能承受的重量。

* 通过观察桥坍塌的过程，尝试找出整座桥哪个部分最脆弱，想一想如何才能设计一座更坚固的桥。

* 跟朋友比赛，看看谁建造的桥最坚固。

你需要：

与电路相关的：
1 个电池扣接头
1 个电池座
3 根鳄鱼夹导线
1 个拨动开关
1 个小电机
两节 5 号电池

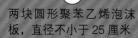
1 张卡片，或者食品包装盒的侧面

两块圆形聚苯乙烯泡沫板，直径不小于 25 厘米

两个棉线轴（或者 1 个大的棉线轴）

1 个螺旋桨，直径 150 毫米，能与直径 2 毫米的电机轴接合，中间的孔最好是穿透的

1 个电机架

1 个小塑料袋

1 根尼龙扎带，长度为 10~20 厘米

备选：松球

👀👀
备选：塑料金鱼眼

你的工具箱：

尺子、油性记号笔、剪刀、低温热熔胶枪、胶带

水花飞溅

螺旋桨小船

设计一艘螺旋桨小船，让它在水面上漂过。

⚠️ **小心：** 小心螺旋桨，一定不要让它接近你的眼睛或者头发。

使用电池扣接头、电池座、鳄鱼夹导线、拨动开关、小电机和 5 号电池，根据第 8~9 页的步骤说明，组装好你的小电机电路。

 将卡片剪成船底的形状。用卡片当模板，将两块泡沫板分别剪成船底的形状，并将剪好的泡沫板用胶粘在一起。

确定小电机、电池和开关放在哪里。小电机既可以放在船头也可以放在船尾，只要船能保持平衡就行。

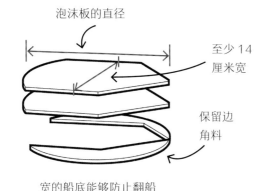

泡沫板的直径

至少 14 厘米宽

保留边角料

宽的船底能够防止翻船

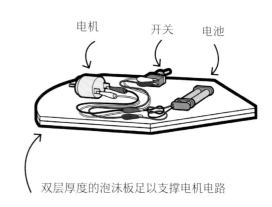

电机　开关　电池

双层厚度的泡沫板足以支撑电机电路

组装电机装置，如下图所示。确认螺旋桨不会打到船底。将电机装置用胶固定在船底。

 打开开关，检查螺旋桨的运转情况。如果它碰到了棉线轴，在电机架上推动小电机，使螺旋桨远离棉线轴。

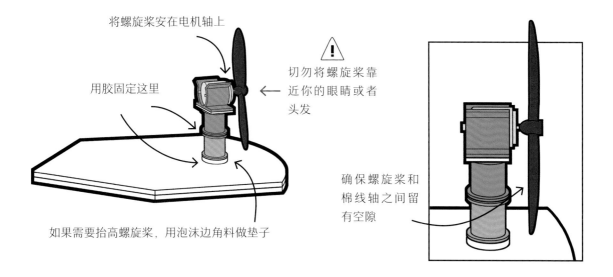

将螺旋桨安在电机轴上

用胶固定这里

⚠ 切勿将螺旋桨靠近你的眼睛或者头发

如果需要抬高螺旋桨，用泡沫边角料做垫子

确保螺旋桨和棉线轴之间留有空隙

6 将电池装置放入塑料袋中，这样可以防水。用泡沫边角料垫高电池装置。检查船是否能保持平衡，然后将电池装置用胶固定。

7 用泡沫边角料垫高开关，避免其沾水。用胶将垫子固定在船底，将开关固定在垫子上。

用胶带将塑料袋密封起来

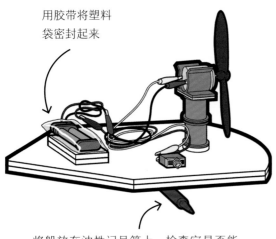

将船放在油性记号笔上，检查它是否能保持平衡

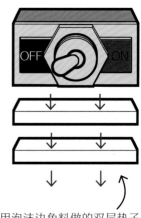

用泡沫边角料做的双层垫子

8 确保鳄鱼夹导线不会阻挡螺旋桨的运转。整理导线，用尼龙扎带系好。

9 在水面上测试你的螺旋桨小船吧！浴缸是不错的选择。

如果船向后航行，将这两根鳄鱼夹的位置对调，就能使船向前航行

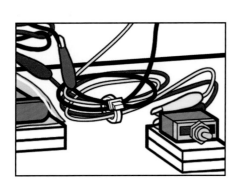

工作原理：

　　如果材料比同等体积的水重，在水中就会下沉。聚苯乙烯泡沫板中有许多空气，这使得它比水轻，所以能够漂浮在水面。

　　螺旋桨叶被设计成能够卷动空气的形状，所以螺旋桨朝一个方向旋转的效率比朝反方向旋转的效率高（想象一下，如果你用汤匙背舀汤，会发生什么）。仔细观察你的螺旋桨，你是否能分辨出它应该朝哪个方向旋转。

现在你可以：

* 分别测试螺旋桨正反方向旋转的速度，看看哪个方向的速度更快。如果螺旋桨中间的孔是单面的，不能换方向，试试将整个电机装置换方向。

* 用泡沫板的边角料做船舵或者浅龙骨，帮助船直线航行。

* 尝试将船设计成流线型，使其航行速度更快。

* 为你的船设计船帮或电机小屋，注意不要阻碍进出螺旋桨的气流。

* 制作一个松球乘客，带它去兜风吧！

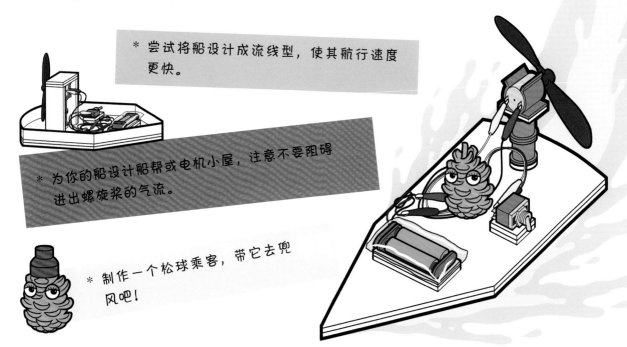

空中飞翔

泰迪熊高空飞索

制作一个滑索，让泰迪熊玩偶在房间里嗖地飞过！

你需要：

1个塑料滑轮，直径30~50毫米，中心孔的直径为4~5毫米

两张旧 CD

两个塑料牛奶瓶盖

1根木签

1只泰迪熊玩偶或类似的玩具，重50~500克

长5米的绳子

你的工具箱：

砂纸、低温热熔胶枪、马克笔、粘土免钉胶、卷笔刀、铅笔、剪刀、小型修枝剪、尺子

⚠ **小心：** 使用削尖的铅笔时要小心。只有大人才能使用小型修枝剪。

用砂纸将 CD 的内圈打磨粗糙。用胶将滑轮固定在 CD 的表面，并且和 CD 的孔对齐。

 在每个瓶盖外侧的边沿做一个标记，要避开内侧和外侧的棱，如下图所示。

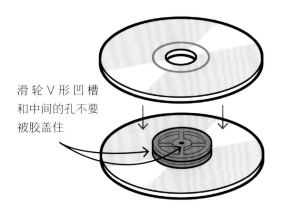

滑轮 V 形凹槽和中间的孔不要被胶盖住

这个点就是你刺穿瓶盖的地方

 将瓶盖压在一团粘土免钉胶上。用削尖的铅笔在瓶盖的外侧刺一个孔，再在瓶盖顶部刺一个孔。在第二个瓶盖上重复这一步骤。

 用剪刀剪掉木签的尖端，然后稍微削尖两端，将木签插入滑轮和 CD 装置中间的孔。

两端略尖即可，但又不能尖得扎手

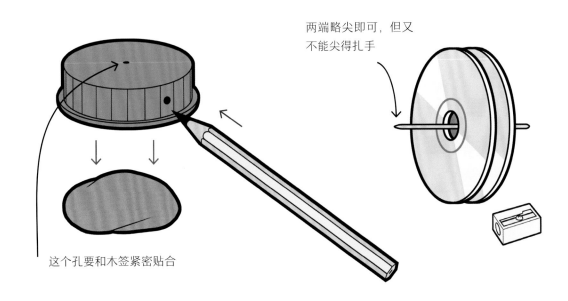

这个孔要和木签紧密贴合

将瓶盖开口朝外分别插在木签两端。握住木签，旋转 CD 装置，检查它能否自由转动。

  转动瓶盖，让孔在一条直线上，如下图所示。请大人帮忙用剪刀剪掉木签末端多余的部分。

如果滑轮不能自由转动，试着把瓶盖稍微向外移一点

留出空隙

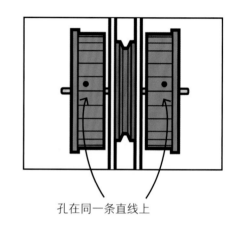

孔在同一条直线上

 剪两根 40 厘米长的绳子，分别将绳子的一端系在泰迪熊的胳膊上，另一端穿过瓶盖上的孔，确保两根绳子的长度一致，将多余的绳子打上结。

你可能需要用铅笔让孔变大一点

如果绳子的末端分叉，在穿孔之前，修剪并捻一下绳子的末端

将剩下的绳子一端系到门把手上，另一端握在手里，将滑轮装置架在绳子上。把手放低，让泰迪熊向你滑过来，然后抬高手，再让泰迪熊滑回去。

工作原理：

　　由于重力，泰迪熊可以沿着倾斜的绳子向下滑动。如果系着泰迪熊的 CD 滑轮装置只是简单地在绳子上滑行，就会产生较大摩擦力，使得装置难以运转。如果 CD 滑轮装置可以自由旋转，情况就完全不一样了，当装置旋转滚下来时，受到的摩擦力很小，使得泰迪熊可以沿着斜线滑下去。

现在你可以：

* 将绳子拉至不同的倾斜度，测试实验效果。

* 试试让绳子松一点，这样泰迪熊可以慢慢滑到底，而不是猛冲到底。

* 将瓶盖紧贴着 CD 装置，使其停止旋转。看看绳子的倾斜角度要到多少才能让泰迪熊滑下来。

* 在房间里或者在楼梯上安装滑索，但一定要提前征得家人的同意。

* 在泰迪熊身上系一根绳子，当它滑下来之后，你可以把它再拉上去。

* 用不同重量的泰迪熊来做试验，看看哪只滑得最快。

空中飞翔

跺脚火箭

制作一个移动火箭发射器，把一支气动火箭发射到天空吧！

你需要：

1 个汽水瓶（2 升），不要瓶盖

1 个塑料的牛奶瓶（1.8 升）

1 个塑料的牛奶瓶盖

1 根干净的花园浇水用软管，长度 70 厘米

1 根干净的直管，塑料或纸制，直径 2~3 厘米

1 张 A4 卡片

500 克弹珠或鹅卵石，直径不超过 3 厘米

你的工具箱：

双面泡沫胶带、管道胶带、台虎钳、儿童手工锯、砂纸、马克笔、尖头剪刀、铅笔、尺子、胶带、剪刀

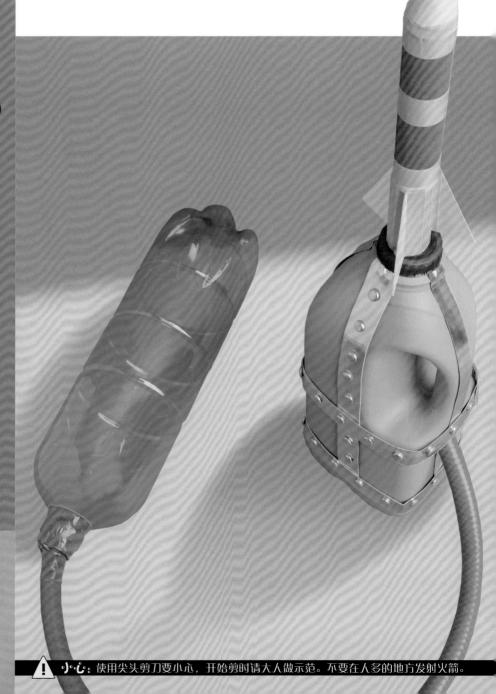

⚠ 小心：使用尖头剪刀要小心，开始剪时请大人做示范。不要在人多的地方发射火箭。

1 将双面泡沫胶带缠在软管的一端，然后将它塞进汽水瓶，软管一定要紧贴瓶颈。用管道胶带将连接处密封起来。

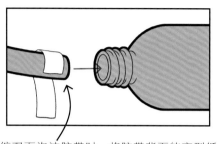

缠双面泡沫胶带时，将胶带背面的离型纸拿掉，这样胶带才能更好地粘在一起

2 将弹珠或鹅卵石放进牛奶瓶，防止它倒下。在瓶子把手正下方剪一个孔。让软管从孔中穿进去，再从瓶口穿出。

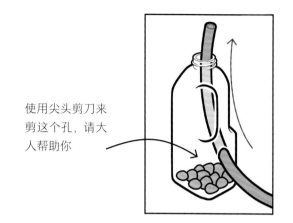

使用尖头剪刀来剪这个孔，请大人帮助你

3 用台虎钳轻轻地夹住直管，锯下20厘米长，将底端修饰平滑。在牛奶瓶盖上剪一个孔，孔的大小和直管的底端相同。

4 做卡片火箭。将卡片剪成16厘米见方的大小，绕着直管卷一圈。缠几圈胶带，如下图所示，然后用胶带贴好接缝。

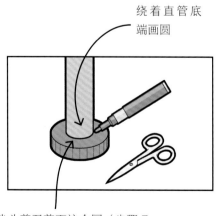

绕着直管底端画圆

用尖头剪刀剪下这个圆（步骤7中要把直管插进这个孔里，两者必须紧贴才行）

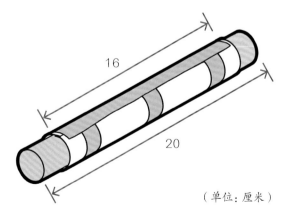

16

20

（单位：厘米）

卡片必须缠紧一些，但同时要能轻松地顺着直管滑动

按直管直径从卡片上剪下一个圆形，粘在火箭的顶端，往管子里吹气，检查火箭能否轻易地脱离直管升空。

用胶带粘牢圆形卡片

确保所有的接缝都是密封的

从这一端吹气

 将双面泡沫胶带缠在从牛奶瓶口伸出的软管的末端，并将其插入直管。用管道胶带将连接处密封起来。

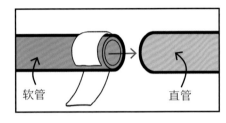

软管

直管

缠双面泡沫胶带时，将胶带背面的离型纸拿掉

一定要密封好

 将牛奶瓶盖套在直管上，向下推至管道胶带连接处，然后拧紧牛奶瓶盖。将火箭套在直管上。

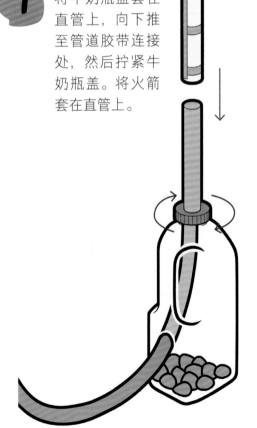

 使劲踩一脚汽水瓶，发射火箭。下次发射之前，向直管吹气，让汽水瓶再次鼓起来。

⚠ 不要在人多的地方发射火箭

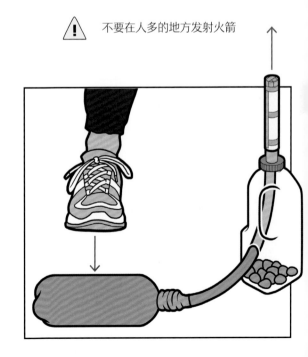

工作原理：

　　用力踩汽水瓶时，空气被迫沿着软管进入套在直管上的火箭中。空气推动火箭脱离直管末端，然后喷出。如果火箭在直管上套得太紧，两者间的摩擦力会使得火箭难以发射。如果套得太松，空气就会从侧面溜走，导致火箭不能升得很高。

现在你可以：

* 用半圆形卡片为火箭制作一个尖头，粘好连接处，并将它固定在火箭上。尖头能够帮助火箭直线飞行，流线型外观使火箭更容易穿过空气。

* 用卡片为火箭制作一些尾翼，约6厘米长。尾翼能帮助火箭朝指定方向飞行，而不是翻跟头。

* 尝试使用直径更大的软管，让火箭飞得更高。使用更短、更粗的直管，让空气更容易通过。

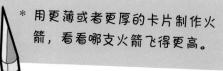

* 用更薄或者更厚的卡片制作火箭，看看哪支火箭飞得更高。

空中飞翔

滑翔机

用泡沫板做一架滑翔机，让它在房间里飞行

你需要：

1 张滑翔机模板的复印件
（放大 170%）

两块直径不小于 30 厘米
的圆形聚苯乙烯泡沫板

不同大小的曲别针

你的工具箱：

油性记号笔、尖头剪刀、
胶带、颜料（备选）

⚠ 小心：只有大人才能使用美工刀。

复印滑翔机模板，放大 170%，可以复印在一张 A3 纸或两张 A4
纸上。

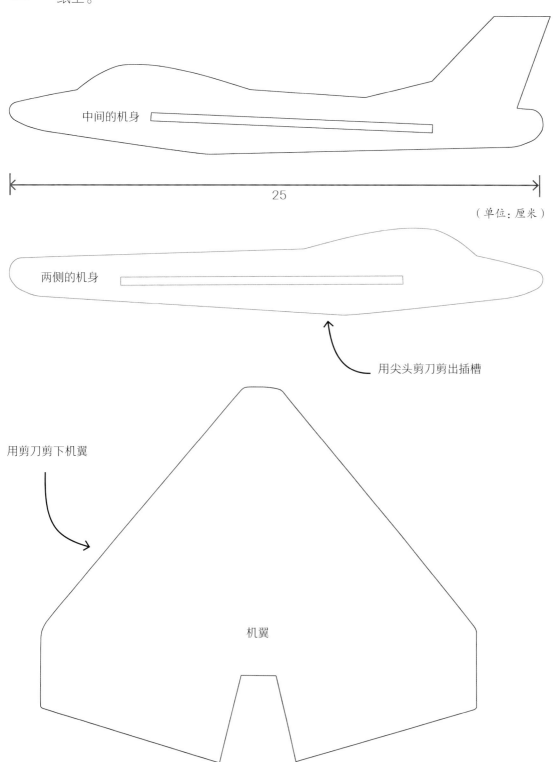

中间的机身

25

（单位：厘米）

两侧的机身

用尖头剪刀剪出插槽

用剪刀剪下机翼

机翼

53

将剪好的模板放在泡沫板上，沿着模板的边缘画线。

 用剪刀将这些部件剪下来，确保每个插槽都足够大，以便插入机翼。

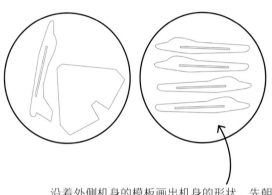

沿着外侧机身的模板画出机身的形状。先朝同一方向画两个，将模板翻面后再画两个

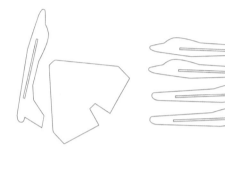

⚠ 你也可以请大人用美工刀裁下这些部件

 将机身部分粘在一起，如下图所示。检查机翼凹槽的宽度是否足够卡住机身。

 将机身滑过一侧的机翼，直到机身的后部卡在机翼的凹槽中，如下图所示。然后将机身的前部滑至机翼的前部。

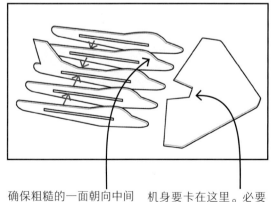

确保粗糙的一面朝向中间

机身要卡在这里。必要的话，可以扩大凹槽的宽度

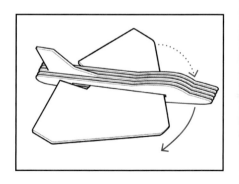

调整机身的位置，使滑翔机尽可能左右对称

将大号曲别针紧紧地别在机鼻上。将机身的后部粘在一起。

 如下图所示，发射滑翔机，观察飞行轨迹。

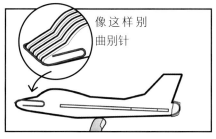

像这样别曲别针

用手指支撑滑翔机，平衡点应该在机身的中间

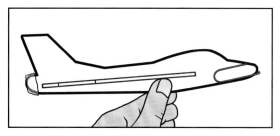

捏住机身，用力抛出去

现在你可以：

* 做一些改进！通过调换曲别针的大小或数量，使得机鼻不再上扬或下垂。

* 如下图所示，将机翼轻轻向上弯折，略微呈 V 字形，这样可以帮助滑翔机直线飞行。

* 试试将机翼的后部轻微地向上弯折，使滑翔机保持机鼻上扬的姿态飞行。但是不要弯折太多，否则滑翔机会向上攀升、减速、停下，甚至坠机。

工作原理：

滑翔机是没有引擎的航空器。滑翔机的自重相对较轻，且机翼宽大利于飞行。滑翔机向前飞行（轻微向下）时，机翼上下方的平滑气流产生一种向上的托举力，对抗因重力产生的向下的拉力。

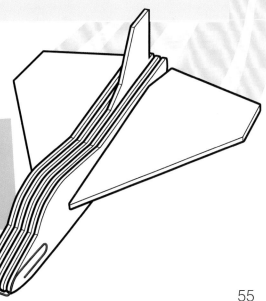

空中飞翔

投石机

制造古老的攻城武器，来轰炸敌人的堡垒。

你需要：

1根木条，长度1米、横切面为边长12毫米的正方形

两个螺丝钉，长度15毫米

5个塑料的牛奶瓶盖

两根木签，长度11厘米

两根木棒，直径6毫米、长度9厘米

1根牙签

4个螺丝钉，长度25毫米

两根橡皮筋

绒球或类似的轻圆球体物品

你的工具箱：

尺子、铅笔、儿童手工锯、台虎钳、砂纸、小锥子、钻孔机和钻头套装、螺丝刀、双面泡沫胶带、剪刀、封口胶带、卷笔刀、粘土免钉胶、锤子、小型修枝剪

⚠ **小心**：使用儿童手工锯和钻孔机时要小心，最好请大人协助。小心削尖的铅笔。只有大人才能使用小型修枝剪。只能投掷轻的物体。

1 观察下图，思考投石机每个部件的用途。哪个部件是可动的，哪个部件是不动的？

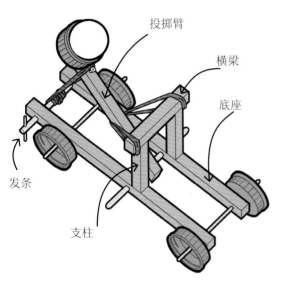

投掷臂

横梁

底座

发条

支柱

投掷臂

2 制作投掷臂。锯下一段长 17 厘米的木条。用砂纸打磨边缘。做两个标记，如下图所示。

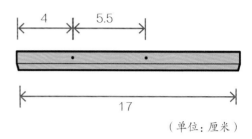

|← 4 →|← 5.5 →|

|←   17   →|

（单位：厘米）

锯木头时，为了防止木头裂开，先锯一半，然后翻面再锯另一半

3 在两个标记上钻孔，用直径 2.5 毫米的钻头，一直钻到底。用砂纸打磨。把长度为 15 毫米的螺丝钉拧进去，一个从上面拧，一个从下面拧，螺丝头与木头之间留出 4 毫米。

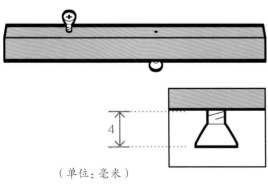

（单位：毫米）

注意要把钻孔机垂直拿好，否则可能会折断钻头

4 用双面泡沫胶带将瓶盖粘在木头的顶端，要在瓶盖和螺丝钉之间为橡皮筋留出空隙。在木头的侧面标记打孔的位置，如下图所示。

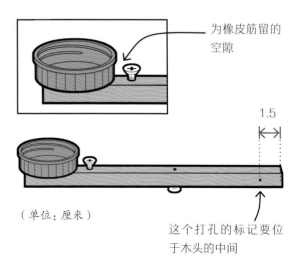

为橡皮筋留的空隙

1.5

（单位：厘米）

这个打孔的标记要位于木头的中间

5 ⚠ 用台虎钳夹紧木头，防止它移动。用直径 2.5 毫米的钻头在标记上钻一个孔，然后将孔扩大到 7 毫米。用砂纸打磨木头。

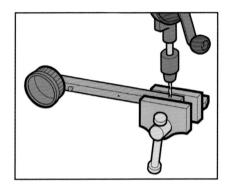

标记能够帮助你在正确的位置钻孔

底座

6 ⚠ 制作投石机的底座。锯下两段 26 厘米长的木条。用封口胶带把它们粘在一起。在指定位置做标记，然后用直径 3.5 毫米的钻头钻 4 个孔，如图所示。孔要穿过两段木头。

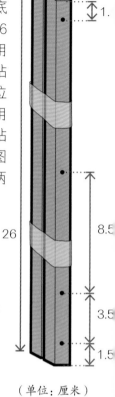

孔必须处在两段木头的中线上，一定要垂直握好钻孔机

（单位：厘米）

7 ⚠ 在两个底座的上方做标记，并用直径 3.5 毫米的钻头分别钻孔（这两个孔在步骤 20 中用来固定横梁）。撕去封口胶带。

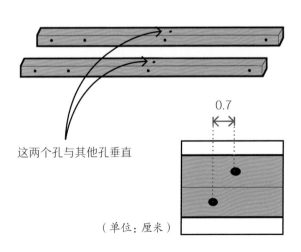

这两个孔与其他孔垂直

0.7

（单位：厘米）

8 ⚠ 分别夹紧两段木头，将侧面中间的孔直径扩大到 6 毫米，侧面顶端的孔直径扩大到 7 毫米。用砂纸打磨。

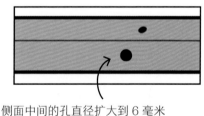

侧面中间的孔直径扩大到 6 毫米

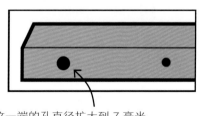

这一端的孔直径扩大到 7 毫米

9 将木棒和木签的底端略微削尖。将底座的一边夹紧，并将木棒安装到中间 6 毫米的孔上，将木签安装到 3.5 毫米的孔上。

10 将投掷臂安装到木棒上。将底座的另一边插在木签和木棒上，底座两边之间留 3.8 厘米的空隙。

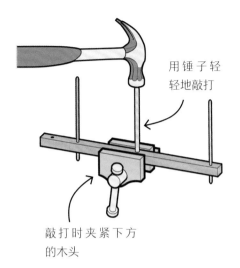

用锤子轻轻地敲打

敲打时夹紧下方的木头

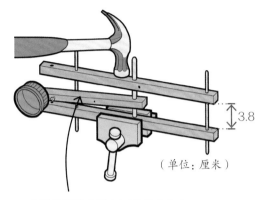

3.8

（单位：厘米）

确保投掷臂安装在正确的方向上

轮子

 11 在剩下的 4 个瓶盖的中心处分别刺一个孔（见第 18 页，步骤 5），并将它们安装在木签的两端，开口的一面朝外。

发条

 12 制作发条，用台虎钳夹紧木棒剩余的那端。在距离木棒末端 5 毫米处，用直径 2 毫米的钻头钻一个孔。

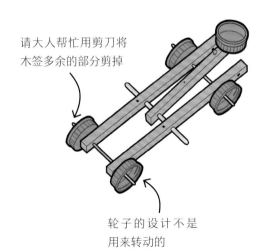

请大人帮忙用剪刀将木签多余的部分剪掉

轮子的设计不是用来转动的

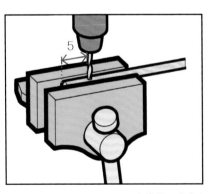

5

（单位：毫米）

注意垂直拿好钻孔机，否则可能会折断钻头

13 在木棒另一端钻一个直径2毫米的孔，使得这个孔与上一个孔大致呈直角，如图所示。用砂纸打磨。

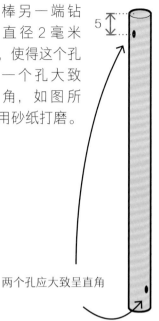

5

两个孔应大致呈直角

（单位：毫米）

 15 用剪刀将牙签的尖端剪掉，然后将它对半剪成两小截。将两小截分别轻轻敲进木棒两端2毫米的孔里，并使得每一截两侧伸出的部分长度相同。

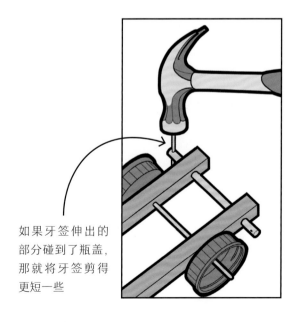

如果牙签伸出的部分碰到了瓶盖，那就将牙签剪得更短一些

14 将木棒插入底座上直径为7毫米的孔中，确保木棒转动自如。

如果木棒不能轻松地转动，重新用钻孔机钻这个直径为7毫米的孔

支柱

 16 在直径2.5毫米的钻头上缠一节封口胶带，使得钻头上未缠胶带的部分长度为1.5厘米。这可以帮助你在支柱上钻出深度合适的孔（见步骤17）。

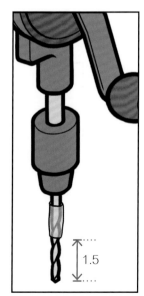

当封口胶带触碰到木头时，孔就钻到合适的深度了

1.5

（单位：厘米）

17 为了制作支柱，锯下并用砂纸打磨两段长度为 4.5 厘米的方形断口木头。如下图所示，夹紧木头，然后在木头的两端做标记，接着用直径 2.5 毫米的钻头钻一个 1.5 厘米深的孔。

垂直握好钻孔机，在木头的中间钻孔

横梁

 18 为了制作横梁，锯下一段长度为 8 厘米的方形断口木头，做标记后用直径 3.5 毫米的钻头钻两个孔，如下图所示。

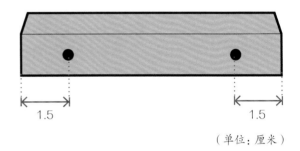

1.5 　　　　　　　　　　　　1.5

（单位：厘米）

将木头的侧面和边缘打磨光滑，这样就不会磨损橡皮筋了

 19 在横梁的孔上垂直拧入两个长度为 25 毫米的螺丝钉，如下图所示。然后移开台虎钳。

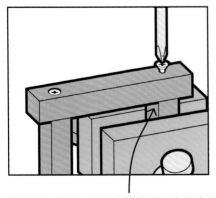

拧螺丝钉之前，用台虎钳夹紧下方的木头

20 将横梁倒置，用台虎钳夹紧，将投掷臂和发条架在一起。将底座紧紧地拧在横梁上，如下图所示，拧在步骤 7 中钻的孔上。

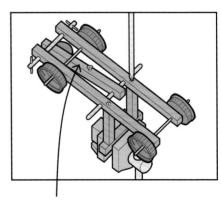

确保投掷臂位于发条的底部

发射装置

21 在投掷臂上套一根长度为8厘米的橡皮筋，并钩住横梁的底部，如下图所示。

22 将长度为16厘米的橡皮筋（或两根接在一起的短的橡皮筋）绕在发条上。

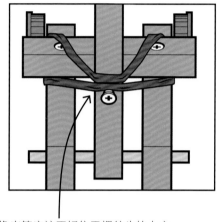

橡皮筋应该正好位于螺丝头的上方

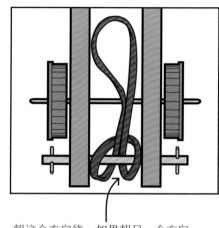

朝这个方向绕，如果朝另一个方向绕就错了

23 在木棒上缠绕并拉紧橡皮筋，这样上发条时就不会滑动。将橡皮筋钩在投掷臂上瓶盖和螺丝头之间的缝隙处。

24 将投掷臂向后摇，在瓶盖里装上绒球，投石机准备就绪，如下图所示。松开发条，发射。

将橡皮筋钩在螺丝头正上方的位置

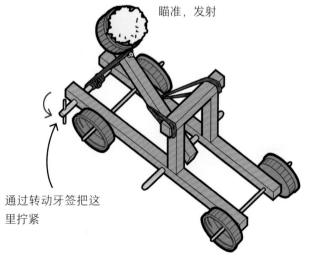

瞄准，发射

通过转动牙签把这里拧紧

工作原理：

当你向后摇投掷臂时，弹性势能存储在被拉伸的橡皮筋里，用于将投掷臂向前推。当你发射时，大部分弹性势能转化成投掷臂和发射物的动能，而另外一些弹性势能转化成热能和声音。投掷臂和发射物同时运动，直到投掷臂撞到横梁并停下来，而发射物会继续运动。

现在你可以：

乒乓球

* 试试投掷不同的轻型"发射物"，看看哪一种射得最远。

* 使用不同的橡皮筋，尝试提高发射装置的性能。

* 试试发射时固定底座，直到投石机完成发射，看看这样做是否能让发射物射得更远。

* 将底座的前面抬高，例如在下面垫一本书，看看这会产生什么效果。

* 试试在投掷臂上安装一个更深的瓶盖。

* 邀请身边的朋友一起制作投石机，然后比比看谁发射得最远。

居家必备
时钟

制作一个色彩缤纷的拼豆闹钟，或者结实的落地式大摆钟！

⚠️ 小心：使用熨斗和熨衣板时要小心，最好请大人帮助。

关于两种时钟的数字制作指导：

 在一张 A4 纸上画一个大的十字，确保两条线以 90 度角交叉。将每个四分之一的区域三等分，如下图所示。在线的末端依次标记数字 1~12。

 测量 CD 或小钉板的直径。直径的一半就是半径，并在每条线上从中心标记出半径的距离。

使用 30 度角的三角板或量角器，围绕着圆圈量角并画线

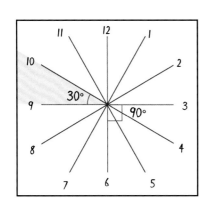

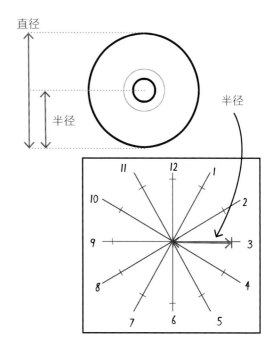

 利用线上的标记，将 CD 或小钉板准确地置于中心处，如图所示。

这些线有助于确定钟面上数字的位置

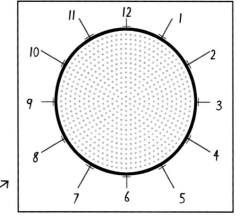

制作拼豆闹钟：

 在小钉板上设计一个钟面，将中心处和靠近中心的第一个圆圈空出来。利用数字标记确定钟面上的数字位置。

 盖上防油纸，用熨斗熨烫。当你觉得珠子熔化了，掀起纸的一角。如果有珠子松了，用其他的珠子替换，并重新熨。

设置成中温挡进行熨烫

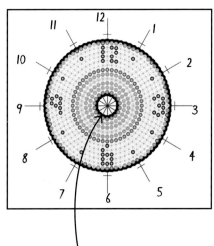

记得将中心的孔空出来，以便安装钟轴

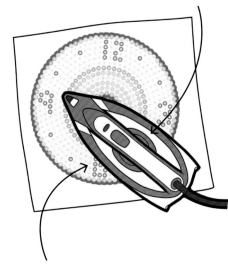

熨斗水平往下按压。当珠子熔化成一片时，停止熨烫

 在防油纸上放几本厚厚的书压住钟面，待其冷却后，将钟面从小钉板上取下来，翻面后盖上防油纸，再次熨烫。

压上厚厚的书可以防止钟面在冷却时变弯

制作落地式大摆钟：

 利用数字标记，用油性记号笔在CD上写下数字 1~12，或者贴上数字贴纸。

 在 A3 纸上设计你的落地式大摆钟。标记出钟面的朝向和中心位置。

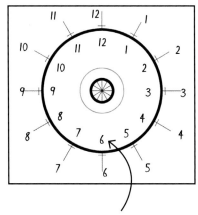

确保 CD 上的数字与之前标记的数字在一条直线上

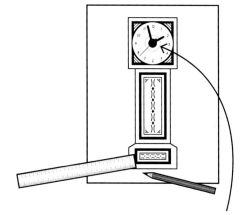

中心位置的标记就是钟轴的位置

 将你的设计转印在 A3 瓦楞纸板上。也可以将设计草图作为模板，在瓦楞纸板上剪出对应的部分。

 将剪好的部件涂上颜色，等颜料变干，然后画上细节。将部件组装后粘在一起。

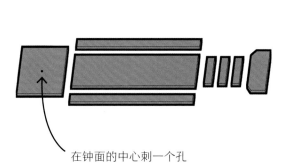

在钟面的中心刺一个孔

如果瓦楞纸板变干后卷起来，在背面也涂上颜色，就能帮助它变直

组装时钟：

 拿出时钟模块，将固定架安装在钟轴上。

 安装橡皮垫圈。

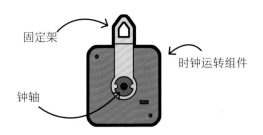

 如果制作的是落地式大摆钟，让钟轴通过钟的背面穿入中心的孔。

将钟面安装在钟轴上，如下图所示。

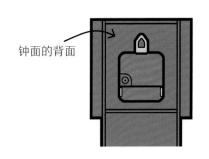

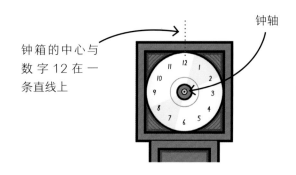

 如果制作的是拼豆闹钟，在背面使得固定架与数字 12 在一条直线上。

 在时钟的正面安装 M8 金属垫圈。

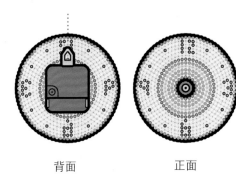

背面　　　　　　正面

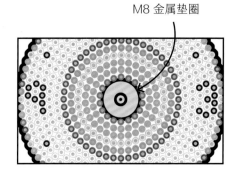

拧紧螺母，确保钟面和垫圈都以钟轴为中心。

 先安装最短的时针，然后是中等长度的分针，最后安装秒针。

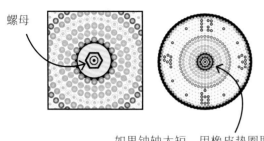

螺母

如果钟轴太短，用橡皮垫圈取代金属垫圈

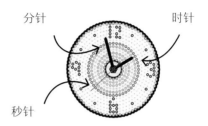

分针

时针

秒针

 在时钟模块背面的凹槽里安装 5 号电池。确保秒针运转正常，然后将时间调准。时钟就制作完成了！

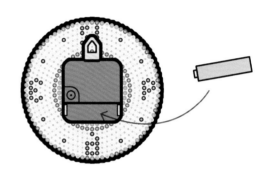

工作原理：

时钟模块包含一个带有微小晶体的电路，这些晶体能够以非常精确的速率振动。电路计算这些振动并将振动的信息以电脉冲的形式每秒发送一次，从而使小电机转动。电机带动传动装置，而传动装置驱使时钟的指针以不同的速度转动。

现在你可以：

* 在你的卧室找一个最棒的位置，摆上你做的酷炫时钟！

你需要：

与电路相关的：
1 个电池扣接头
1 个电池座
3 根鳄鱼夹导线
1 个拨动开关
1 个小电机
两节 5 号电池

1 个螺旋桨，直径 15 厘米、有贯穿的孔（必须能与直径 2 毫米的电机轴紧密贴合）

1 个塑料瓶（瓶颈要足够宽能让电机通过）

1 根橡皮筋，2~5 厘米长

你的工具箱：

尖头剪刀、尺子、双面泡沫胶带、胶带

居家必备

掌上风扇

这个用塑料瓶做的掌上风扇能让你保持凉爽。

⚠️ **小心：**一定不要让螺旋桨靠近你的眼睛或头发。使用尖头剪刀时要小心，开始剪时请大人做示范。

使用电池扣接头、电池座、鳄鱼夹导线、拨动开关、小电机和 5 号电池，根据第 8~9 页的步骤说明，组装好你的小电机电路。

 将螺旋桨安插在电机轴上。电机朝上，打开开关，检查螺旋桨的运转情况。

 气流应该是向上升的。如果气流向下，将小电机上的鳄鱼夹导线对调。

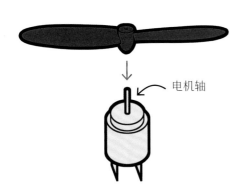

电机轴

 使用尖头剪刀将瓶子小心地剪成两半。如果瓶子有腰部，在腰部最窄处偏上一点的地方剪。

 将瓶子下半部的边缘处修剪整齐。将瓶子上半部剪掉 1 厘米，使其能够紧紧地套住瓶子的下半部。

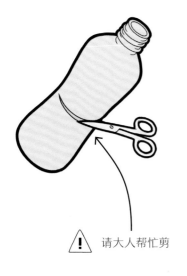

⚠ 请大人帮忙剪

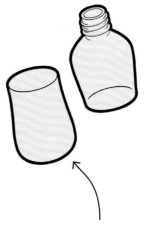

如果瓶子是湿的，用纸巾将瓶子的内部擦干

用橡皮筋捆住鳄鱼夹导线和开关,如下图所示。让橡皮筋位于开关垫片的下方。

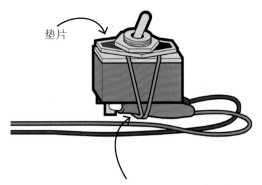

垫片

在将开关安装到瓶子上时,橡皮筋能够防止鳄鱼夹导线脱落

  请大人帮你在瓶身上剪一个直径1.2厘米的孔,用来安装开关装置。孔的大小要适合开关。

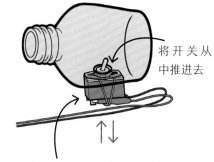

将开关从中推进去

从外面将开关推进去,以此检查孔是否足够大,然后再将它取下来

 从电机上拔下鳄鱼夹导线,让导线从瓶口伸出去,然后重新与电机连接。

打开开关,确保螺旋桨的气流仍然是向上的

 给电机缠上泡沫胶带,拿掉离型纸,将电机推入瓶颈,如下图所示。电机要与瓶颈紧密贴合。

如果瓶颈较窄,缠半圈胶带。如果瓶颈较宽,多缠几圈胶带

10 拿掉开关的螺母和垫片。将电路组件从瓶身塞进去，让扭柄穿过孔，然后将垫片重新安装回去，拧紧螺母。

11 将电池置于瓶底。将鳄鱼夹导线塞进去。将瓶子上下两部分套在一起，并用胶带密封起来。

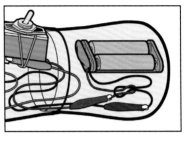

注意避免裸露的金属零件相接触，这样会引起短路

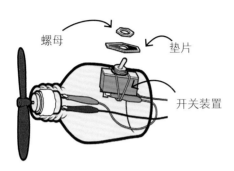

螺母

垫片

开关装置

12 朝各个方向测试电扇的性能。

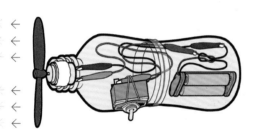

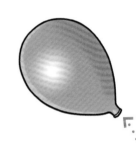

工作原理：

螺旋桨转动时会产生气流，螺旋桨叶有一定的倾角，能将空气往上推送。如果从另一个方向连接电机，螺旋桨会向相反的方向旋转，将空气往下推送。

空气朝这个方向推送

螺旋桨按顺时针旋转

现在你可以：

* 用电扇让气球在空中飞舞！将电扇对准气球，用气流改变其运动方向，使气球在房间里飞舞。

居家必备

手电筒

用瓶子做一个手电筒，能发出五颜六色的光和投影。

你需要：

与电路相关的：
1 个电池扣接头
1 个电池座
3 根鳄鱼夹导线
1 个拨动开关
1 个灯泡
1 个灯座
两节 5 号电池

1 个塑料瓶（瓶颈以下为圆柱体）

1 张硬挺的铝箔，例如烤箱专用铝箔

1 根小的橡皮筋，长度 2~5 厘米

透明玻璃纸，例如蛋糕或饼干盒的包装

你的工具箱：

尺子、油性记号笔、尖头剪刀、双面泡沫胶带、彩色胶带、透明胶带

74

⚠ 小心： 使用尖头剪刀时要小心，开始剪时请大人做示范。小心锋利的金属边缘。

使用电池扣接头、电池组、鳄鱼夹导线、拨动开关、灯泡、灯泡座和 5 号电池，根据第 8~9 页的步骤说明，组装灯泡电路。

 在瓶身和瓶肩结合处，将瓶子整齐地剪成两段。上半段剪掉 5 毫米，使其能够套在下半段上。

 请大人帮你在瓶身上剪一个直径 1.2 厘米的孔，作为开关的位置，如下图所示。

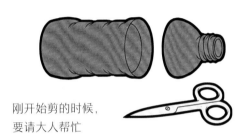

刚开始剪的时候，
要请大人帮忙

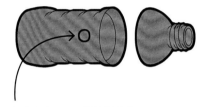

这个孔必须与开关紧密贴合

 制作铝箔反射镜，先测量瓶颈的高度和内径，如下图所示。

 在铝箔上画一个矩形，如下图所示。把它剪下来，卷成圆筒，并将它推入瓶颈内。小心锐利的金属边缘。

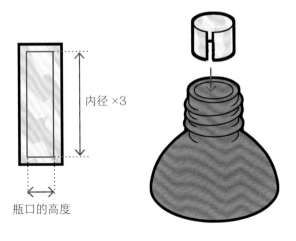

高度

内径

内径 ×3

瓶口的高度

将双面泡沫胶带粘在灯座的螺丝钉上，然后将灯座推入瓶内，螺丝钉一定不能接触反射镜，否则会引起短路。

 用橡皮筋捆住开关和鳄鱼夹导线，如下图所示。安装开关装置（见第 73 页，步骤 10）。打开开关，检查灯是否被点亮。

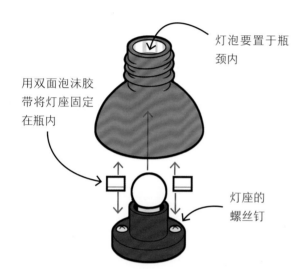

灯泡要置于瓶颈内

用双面泡沫胶带将灯座固定在瓶内

灯座的螺丝钉

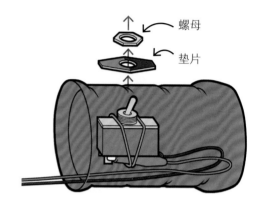

螺母

垫片

如果在使用中螺母变松了，将它重新拧紧

 将电池装置和鳄鱼夹导线放入瓶内，将两截瓶身粘起来。用透明胶带将透明玻璃纸圆片粘在瓶口处。

 找一个光线暗的地方，测试你的手电筒吧！

遇到故障时，就撕开胶带，打开瓶身，然后修理

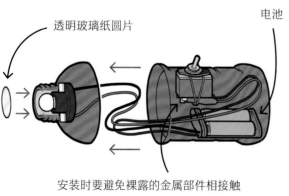

透明玻璃纸圆片

电池

安装时要避免裸露的金属部件相接触

工作原理：

打开手电筒时，存储在电池内的化学能量转化成电能。灯泡内有一根很细的灯丝。电流必须非常努力，才能通过细细的灯丝，电流通过时灯丝的温度会变得很高，发出明亮的光，释放出光能和热能。灯丝由钨一类的金属制成，钨的熔点非常高。换句话说，如果灯丝的温度过高，就会熔断，这就是我们常说的灯泡"炸了"。

现在你可以：

* 研究一下哪种材料可以反射光线，哪种材料允许光线通过，哪种材料能够阻挡光线。

* 创造出五颜六色的光。你可以将透光的彩色糖纸，用橡皮筋固定在瓶口。将不同颜色的光照在彩色物体上，看看会发生什么。例如，绿色的物体在红色的光线中会显现什么颜色？

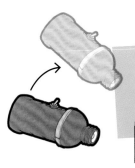

* 在昏暗的房间里，请朋友将油性记号笔垂直立在地板上，将手电筒置于记号笔的上方，像太阳在天空中移动那样移动手电筒。观察记号笔阴影的长度有什么变化。

让光工作

硬币电池

用自制电池点亮 LED 灯！

你需要：

6 枚铜硬币

6 个 M6 或 M8 镀锌金属垫圈，直径约 20 毫米

1 块毛毡

1 杯醋

1 个 2V 的标准 LED 灯泡，直径 5 毫米

你的工具箱：

油性记号笔、剪刀、胶带

 在毛毡上沿着硬币边缘画圈。剪下这个圆片，将它放在醋中浸泡，然后放在垫圈上，再在上面放一枚硬币。重复以上步骤，至少叠五层。

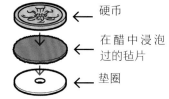

 将 LED 灯的灯腿弯曲，如下图所示，使其与"硬币块"的顶部和底部紧密贴合。

← 硬币
← 在醋中浸泡过的毡片
← 垫圈

垫圈放置在硬币的正下方

弯曲灯腿时，小心不要折断

 将 LED 灯与"硬币块"组合，灯腿长的那一端在上，灯腿短的那一端在下。握紧这个装置，LED 灯就会发光！

 用胶带将"硬币块"紧紧地缠住，使得灯腿与硬币和垫圈紧密贴合。这样有助于防止醋蒸发。

 和灯泡不同的是，LED 灯只能单方向传递电流。如果 LED 灯不亮，试试换一个方向

"硬币块"的作用相当于电池

现在你可以：

* 试试改变"硬币块"的大小，看看 LED 灯是变得更亮还是更暗。

* 看看 LED 灯能够亮多久，然后将"硬币块"拆开。在发生化学反应、产生电流的地方，硬币和垫圈会褪色。

工作原理：

当硬币中的铜和垫圈中的锌、毛毡中的醋发生反应时，在含有锌的垫圈上产生负电荷，在含有铜的硬币上产生正电荷。当把 LED 灯与"硬币块"连接起来时，就形成了完整的电路。所以电流通过时，LED 灯会发光。

让光工作

彩色转轮

制作一个旋转的彩色转盘，做一次混色实验。

你需要：

1 根带有盖子的塑料管，直径约 2.5 厘米、长度 14 厘米

55 厘米长的绳子

1 根木棒，直径 6 毫米

1 个软塞

两张旧 CD 或 DVD

1 张厚卡片，厚度 1.2 毫米

1 张 A4 白色薄卡片

你的工具箱：

尺子、马克笔、铅笔、台虎钳、直径 3 毫米和 6 毫米的钻头、钻孔机、砂纸、剪刀、儿童手工锯、卷笔刀、低温热熔胶枪、圆规、彩色油性笔、双面胶

⚠ **小心**：使用儿童手工锯和钻孔机时要小心，请大人帮助你。

1 ⚠️ 用台虎钳轻轻地夹住塑料管，在距离管子末端3厘米处，钻一个直径为6毫米的孔。拿掉盖子，用砂纸磨光孔的两侧。

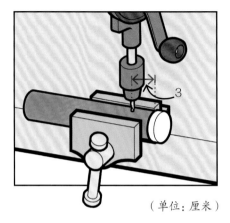

（单位：厘米）

你可以用木头支撑管子，以防钻孔时管子移动

2 ⚠️ 锯下一段长度为21厘米的木棒，在距离末端8厘米的地方，锯一个小的凹槽。再锯一段长度为5厘米的木棒作为把手，在中间锯一个小的凹槽。

（单位：厘米）

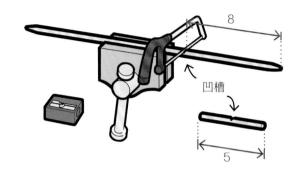

凹槽

将木棒的末端略微削尖，用砂纸将两根木棒磨光

3 ⚠️ 将木棒插入管子中，距离凹槽近的那一端朝下。将软塞锯成两半，在其中一半的顶部钻一个直径为3毫米的孔，然后扩大到6毫米。将它插到木棒上，推至距离管子边缘1厘米处，如下图所示。

（单位：厘米）

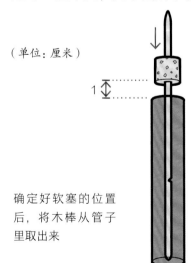

确定好软塞的位置后，将木棒从管子里取出来

4 ⚠️ 将两张CD用胶粘在一起，然后将它们粘在软塞的顶部，孔的中心呈一条直线。从厚卡片上剪下一个直径4厘米的圆片，并在中间钻一个直径6毫米的孔。在CD内侧的圆圈处及软塞的顶部涂胶，然后将圆片牢牢地压到胶上，待胶变干。

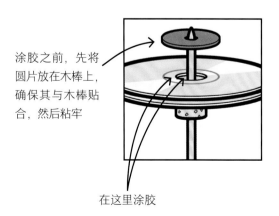

涂胶之前，先将圆片放在木棒上，确保其与木棒贴合，然后粘牢

在这里涂胶

在绳子一端打活结，并将其套在把手的凹槽上。将绳子另一端穿过管子上的孔，如下图所示，打活结后套在木棒的凹槽上。

 将木棒重新插入塑料管中。拉动把手，将松散的绳子都拉出管子。然后转动 CD 装置，让绳子缠绕在木棍上。

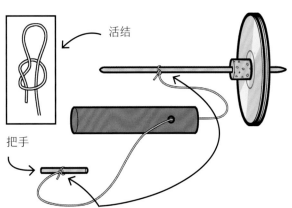

活结

把手

用力拉绳子，使活结系紧。将绳子卡在凹槽内，以防绳子松开

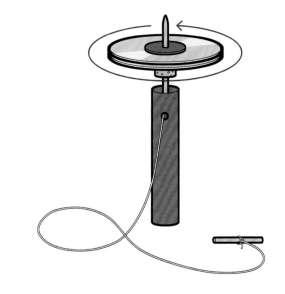

 握住管子，拉动把手，使得 CD 装置旋转。在绳子完全被拉出之前松手，这样绳子会被重新卷进去。

 在白色卡片上画一个半径 6 厘米的圆盘，并在里面画 3 个圆圈，如下图所示。剪下这个圆盘，以及最中心的那个圆。按照图示为圆环涂色。将它粘在 CD 装置的顶部，然后旋转！

再次拉动绳子，让装置向另一个方向旋转，然后重复这一步骤

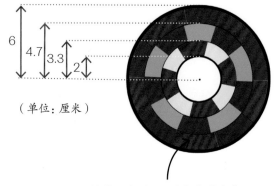

（单位：厘米）

旋转圆盘时，观察颜色的变化

现在你可以：

* 用不同的颜色涂更多的卡片圆盘，将它们放在转轮上进行测试。1 张 A4 卡片可以做 3 个圆盘。

* 制作一张牛顿圆盘，以圆盘发明者——17 世纪英国科学家艾萨克·牛顿的名字命名。将彩虹的颜色涂在圆盘上。彩虹是由于雨滴将太阳发出的白光反射为单独的颜色而形成的。圆盘转动时，各种颜色混合在一起，变为白色或者接近白色！

* 修复你的转轮！如果木棒上的绳子松了，将它重新系紧。如果 CD 装置松了，重新用胶固定。

工作原理：

　　拉动绳子使得 CD 装置旋转，产生动能。停止拉绳子时，CD 装置的动能使其继续旋转，将绳子卷回去。将木棒的底部削尖，使其能够更轻松地旋转。如果彩色圆盘旋转速度足够快，颜色就会混在一起，并产生不同的颜色。例如，红色和黄色混合产生橙色，蓝色和红色混合产生紫色。在电视屏幕上，红光、绿光、蓝光以不同的比例混合，从而产生了所有的颜色。

让光工作

潜望镜

用镜子暗中观察周围的事物、朋友和家人！

你需要：

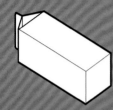

两个 950 毫升的方形包装牛奶盒

两面镜子，6 厘米 × 6 厘米

厚卡片，厚度约 1.5 毫米

你的工具箱：

尖头剪刀、尺子、马克笔、胶带、量角器或 45 度角的三角板、剪刀、低温热熔胶枪、塑料瓶盖（直径约 3 厘米）

1 用尖头剪刀将两个牛奶盒的顶端整齐地剪下来。将其中一个牛奶盒的 4 条棱分别剪开 2 厘米。将两个牛奶盒插在一起，用胶带将接合处粘好。

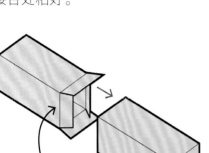

将两个侧边轻轻向内弯曲，另外两个侧边剪掉

2 在牛奶盒两端各画一条 45 度角的斜线，如下图所示。将牛奶盒翻过来，在另一面相同的方向上再画两条 45 度角的斜线。

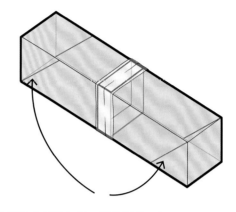

确保这些斜线与另一面的斜线平行

3 用剪刀从厚卡片上剪下两个边长 8 厘米的正方形。沿着 45 度角斜线，用尖头剪刀在潜望镜盒子上剪出开口。

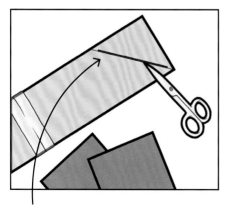

开口的长度和宽度要正合适一张厚卡片从中穿过

4 用胶将镜子固定在卡片上。将卡片从开口处推入，直到被镜子卡住。沿着镜子的边缘在盒子上画线。剪去这些线，使得开口扩大。

⚠ 小心锋利的边缘

在这里画线

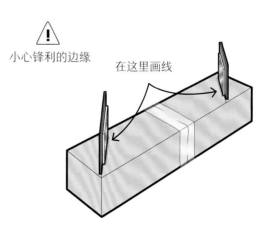

确保将镜子粘在卡片的正中央

将镜子装置插入盒子内，只在两侧露出卡片的边缘部分。用胶带粘住卡片，如下图所示。

  在下图所示的位置，用瓶盖画一个圆圈，然后用尖头剪刀把它剪下来。

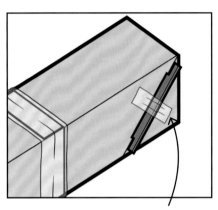

粘上胶带是为了防止镜子装置滑出来

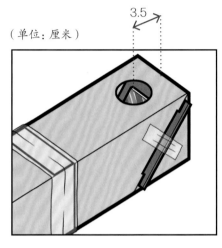

3.5

（单位：厘米）

这个孔必须对着镜子

 将盒子翻过来，在另一端剪一个矩形的孔，如下图所示。

 通过圆孔观察墙那边发生了什么！

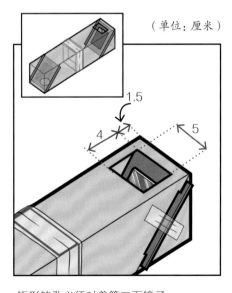

（单位：厘米）

1.5

4

5

矩形的孔必须对着第二面镜子

光线反射进入盒子，然后再次反射进入你的眼睛

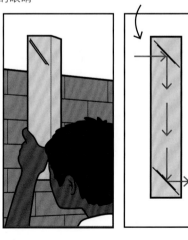

⚠ 一定不要对着太阳看，这样会损害你的眼睛

86

现在你可以：

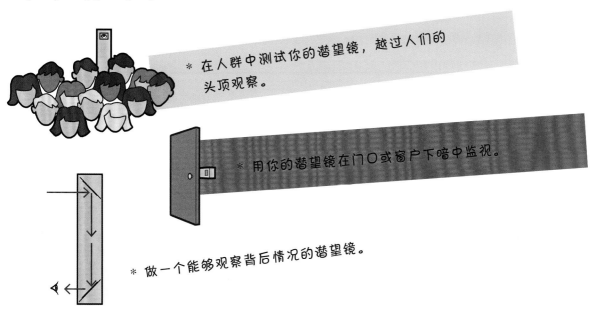

* 在人群中测试你的潜望镜，越过人们的头顶观察。

* 用你的潜望镜在门口或窗户下暗中监视。

* 做一个能够观察背后情况的潜望镜。

工作原理：

光以直线传播。当光照射在物体上时，会发生反射。镜子表面光滑，而且有反光涂层，所以能很好地对光进行反射。

光照射镜子时，入射角与反射角相同。上面的镜子与入射光线呈 45 度角，光被反射进入潜望镜中，然后以 45 度角射到下面的镜子上，并反射进入你的眼睛。

第一次世界大战中，潜望镜被用于在战壕中观察外面的情况。现在，潜望镜则被用于坦克中，这样坦克中的人就可以看到外面，而不用离开坦克；用于在潜水艇中观察水面上发生了什么，而不用浮出水面；还用于从人群头顶上方进行观察，例如用潜望镜看高尔夫球锦标赛。

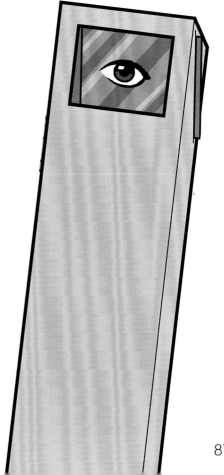

让光工作

平稳的手臂游戏

谁的手臂最平稳？设计并搭建一个挑战游戏，看看朋友之中，谁的手臂最平稳。

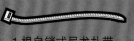
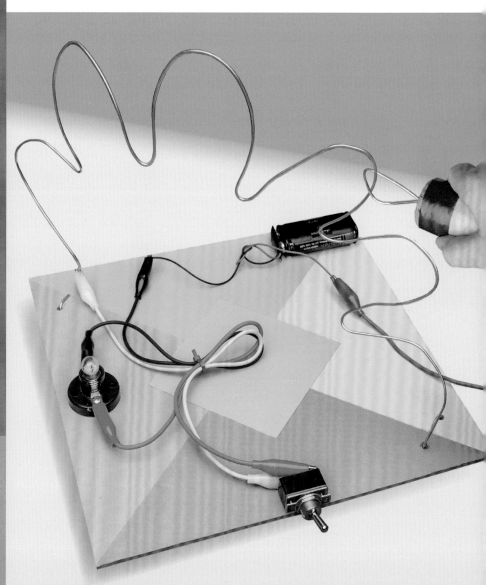

⚠ **小心：** 使用手摇钻时要小心，最好请大人协助。

游戏

这个游戏的目标是……

将线圈从电线装置的一端移动到另一端，途中不能点亮灯泡！

1　使用电池扣接头、电池座、3根鳄鱼夹导线、拨动开关、灯泡、灯座和5号电池，根据第8~9页的步骤说明，组装好灯泡电路。

2　在板子的对角上分别标记两个孔的位置。用台虎钳夹紧板子后钻孔，如下图所示。

⚠

3　剪一段1.2米长的裸铝线。将一端穿入一个孔中，再从相邻的孔中穿出来，压平裸铝线的末端。

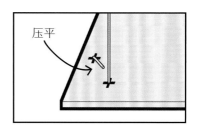

压平

4　将裸铝线剩余的部分弯曲成你想要的形状。最末端的8厘米要保持垂直。

5　将裸铝线的末端穿入孔中，再从相邻的孔中穿出来，像步骤3那样压平末端。

末端的8厘米裸铝线

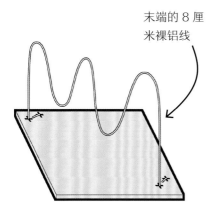

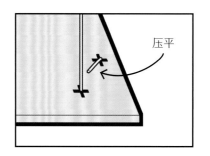

压平

6

用台虎钳夹住软木塞。用铅笔在软塞顶部画一个凹痕，然后垂直钻穿一个孔，如下图所示。

7

剪一段 16 厘米长的电线。如图弯成环状，套住第 89 页步骤 4 中弯曲好的裸铝线，然后将一端穿过软木塞上的孔。

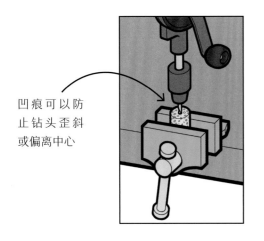

凹痕可以防止钻头歪斜或偏离中心

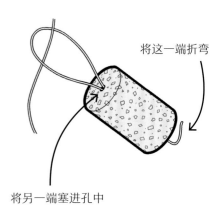

将这一端折弯

将另一端塞进孔中

8

确定灯泡、开关和电池的安装位置。将它们用胶固定住，然后打开开关，检查灯泡是否被点亮。

9

拆开连接电池扣接头的红色鳄鱼夹导线，并将它夹在电线环状结构的末端。

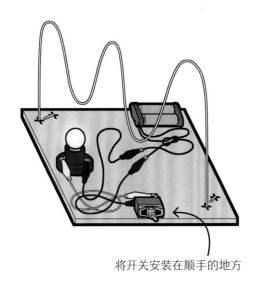

将开关安装在顺手的地方

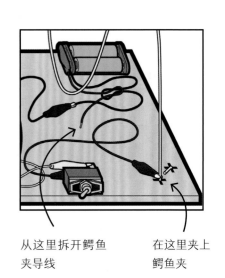

从这里拆开鳄鱼夹导线

在这里夹上鳄鱼夹

将第4根（多余的）鳄鱼夹导线的一端夹在电池扣接头的红色导线上，另一端夹在软木塞孔中伸出的裸铝线上。

第4根鳄鱼夹导线

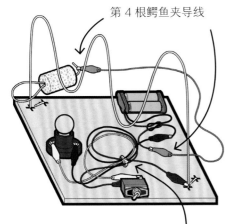

除了第4根导线，将其他所有的线用尼龙扎带捆住

11 打开开关，用软木塞上的裸线圈碰触弯曲的裸铝线，点亮灯泡。现在，开始测试，看看你能不能拿着软木塞走完全程而不点亮灯泡。

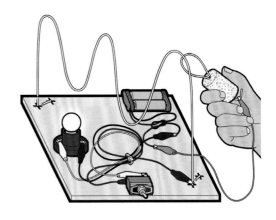

不用的时候，关闭开关

工作原理：

打开电路开关后，弯曲的裸铝线和裸线圈一起充当第二个开关。当它们互相接触时，就接通了这个电路，灯泡也因此被点亮；如果它们不接触，电路就是断开的，灯泡自然不会亮。

现在你可以：

* 调整裸铝线弯曲的形状或者裸线圈的大小，从而减小或增加游戏的难度。试着让游戏变得更有挑战性，但不要变得太难而无法完成。

* 向朋友挑战，来一次平稳的手臂游戏比赛吧！

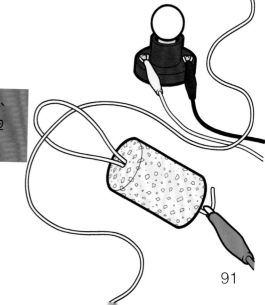

你需要：

1 根木棒，长度 10.5 厘米，与滑轮匹配

1 块底板（胶合板或密度板），6 厘米 ×16 厘米 ×0.3 厘米

1 个滑轮（见第 44 页）

1 块木头，10 厘米 ×3 厘米 ×1 厘米

1 根橡皮筋，长度 8~10 厘米

3 个抽芯铆钉，直径 3.2 毫米、长度 6.4 厘米

1 根塑料吸管，直径 5 毫米、长度 7 厘米

1 个电机皮带轮，与铆钉匹配，总直径 7.5 毫米、内径 3 毫米

1 根薄的塑料直管，内径 2 毫米、长度 6 厘米

1 颗白色的珠子（月球），直径 8 毫米、孔径 3.5 毫米

1 根木签，长度 5 厘米

2 个聚苯乙烯球（地球和太阳），直径分别为 1 厘米和 4 厘米

你的工具箱：

卷笔刀、尺子、铅笔、台虎钳、直径 3.2 毫米和 5 毫米的钻头、直径与木棒直径相同的钻头、钻孔机、砂纸、儿童手工锯、低温热熔胶枪、直径 3 厘米的塑料瓶盖、木锉刀、画笔、丙烯颜料

让光工作

在太空轨道上运行

制作一个地球围绕太阳转、月球围绕地球转的模型。

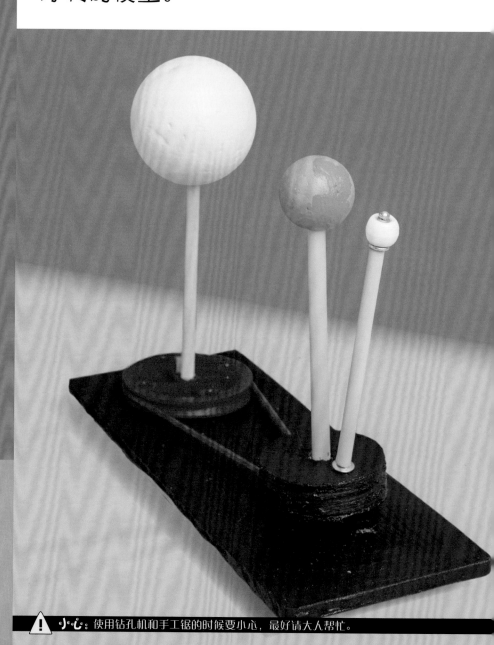

⚠ **小心：** 使用钻孔机和手工锯的时候要小心，最好请大人帮忙。

太阳装置

 略微削尖木棒的两端。在距离一端 1.5 厘米处做个标记，然后将滑轮推到标记处。

  在底板上钻一个孔，直径与木棒的直径相同。用砂纸磨光底板。确保木棒在孔中能够自如地旋转。

（单位：厘米）

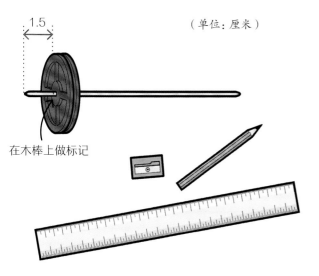

在木棒上做标记

（单位：厘米）

如果木棒不能自如地旋转，重新用钻孔机钻孔

 锯一块 3 厘米长的木头，制成把手。在木头的中央钻一个与木棒直径相同的孔。将木棒 1.5 厘米的那一端插入把手的孔中，如下图所示。

 一只手握住把手，另一只手旋转底板。确保底板自如地旋转时，木棒和滑轮保持不动。

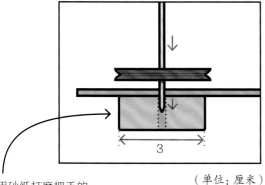

用砂纸打磨把手的边缘处

（单位：厘米）

如果木棒上的滑轮或者把手松了，用胶将其固定，但不要将它们固定在底板上

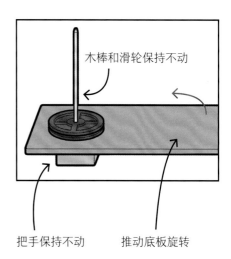

木棒和滑轮保持不动

把手保持不动

推动底板旋转

将橡皮筋套在滑轮上，平放在底板上。铅笔抵住橡皮筋在底板的一端画十字。移走橡皮筋。

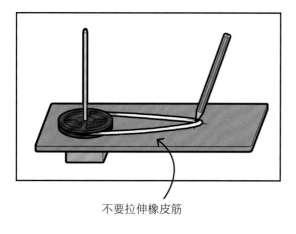

不要拉伸橡皮筋

地球装置

在距离第一个十字 2 厘米处，画第二个十字。在这个十字的中心钻一个直径 3.2 毫米的孔，孔要穿透底板，用于安装第一个抽芯铆钉。

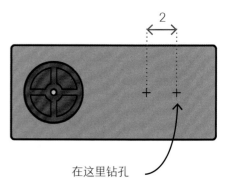

2

在这里钻孔

（单位：厘米）

锯一段 3 厘米长的木头，在木头的中央钻一个直径 3.2 毫米的孔，打磨木头的边缘处。将第一个抽芯铆钉粗的那端穿过底板，插入木头中。

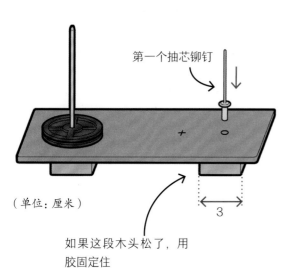

第一个抽芯铆钉

（单位：厘米）

3

如果这段木头松了，用胶固定住

将瓶盖放在剩下的木头上，沿着瓶盖的边缘画圈。先用锯大致锯出圆盘形状，然后用锉刀将其锉圆。在圆盘中心处钻一个直径 5 毫米的孔。

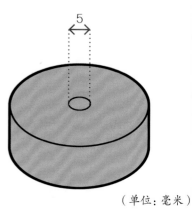

5

（单位：毫米）

用砂纸打磨粗糙的边缘

将电机皮带轮从底端插入圆盘，将直径5毫米的吸管从顶端插入圆盘。

月球装置

  在吸管旁边钻一个直径3.2毫米的孔，钻孔机要略微倾斜。将第二个抽芯铆钉粗的那端插入孔中，如图所示。

如果与孔连接的部件松了，用胶将它们固定，但不要让电机皮带轮中心的孔和V形凹槽沾到胶

中心的孔

V形凹槽

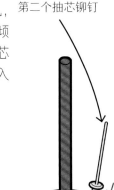

第二个抽芯铆钉

为了避免月球触到地球，孔要略微倾斜

 用胶将月球固定在第三个抽芯铆钉粗的那端。用塑料直管将两个抽芯铆钉细的那端连在一起，如下图所示。

如果抽芯铆钉松了，用胶固定

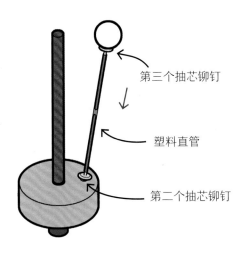

第三个抽芯铆钉

塑料直管

第二个抽芯铆钉

 将电机皮带轮滑到底板上第一个抽芯铆钉细的那端。检查装置是否能在抽芯铆钉上自如地转动。

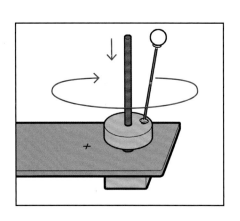

如果装置不能自如地转动，检查中心的孔是否沾到胶

收尾工作

 将太阳插在木棒上。将木签的一端削尖，插上地球。将木签的另一端插进直径 5 毫米的吸管里，并在合适的地方粘上胶。

 抬高第一个抽芯铆钉上的地球装置。将橡皮筋套在滑轮和电机皮带轮上，然后复原地球装置。

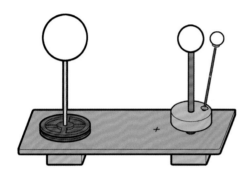

调整太阳、地球和月球的位置，使它们的高度大致相同

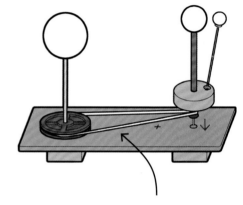

橡皮筋略微拉伸

 用一只手握住太阳装置下面的把手，另一只手围绕着太阳装置旋转底板。

 给太阳和地球涂色。你可以将地球装置和月球装置取下来，将底板涂成黑色。

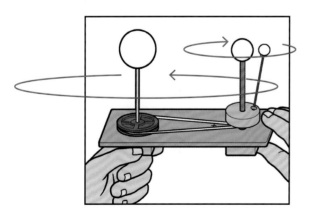

地球绕着太阳转动，月球绕着地球转动，同时地球围绕着地轴自转

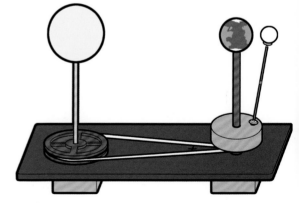

如果太阳、地球或月球松动了，用胶重新粘好

现在你可以：

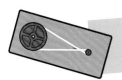

* 将橡皮筋绕成8字形，使月球沿正确的方向围绕地球运行。

* 将手电筒放在太阳旁边，对着地球照射。由此可知，地球的一面是白天时，另一面为什么是夜晚。

* 转动电机皮带轮装置，让月球处于手电筒和地球之间。观察地球上的阴影。当月球在太阳和地球之间穿过时，会形成一片阴影，这就是"日食"（太阳像被吃掉了）。

* 转动电机皮带轮装置，直到地球处于手电筒和月球之间。月球处在地球的阴影中，这就是"月食"（月亮像被吃掉了）。

* 继续缓慢地转动皮带轮，观察月球从地球阴影中出来的过程。由此可知，月亮围绕地球转动时，被照亮的部分会发生怎样的变化

工作原理：

　　握住太阳装置不动，绕着它旋转底板，模拟地球绕太阳运行。实际上，地球绕太阳运行一圈需要一年的时间。与此同时，皮带轮装置带动月球绕着地球运行，而地球绕着地轴自转。地球的一半被太阳光照亮，而另一半处在黑暗中。随着地球的转动，你生活的地方会从光明（白天）到黑暗（夜晚），循环往复。

控制器设置

你需要:

下面这些部件用于连接 Crumble 控制器,为其提供动力并实现信息传达。

1 个 Crumble 控制器(可从 Redfern Electronics 供应商那里购得,见第 7 页)

2 块底板(硬纸板、密度板或胶合板),9 厘米 ×6 厘米 ×0.3 厘米

1 根短的 USB 连接线

1 台笔记本电脑

1 个防震电池盒 3×AA(可从 Redfern Electronics 供应商那里购得,见第 7 页)

3 节 5 号电池

2 根鳄鱼夹导线

你的工具箱:

双面泡沫胶带、剪刀

下面将教你怎么为交通灯、飞椅和电动童车安装 Crumble 控制器*。

1 将双面泡沫胶带贴在 Crumble 控制器的中间,去掉离型纸,将 Crumble 控制器粘在底板上。

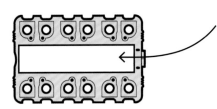

双面胶带可以抬高控制器,有助于将鳄鱼夹导线连接到终端上

2 将 USB 连接线的小口插在 Crumble 控制器末端的插槽里,将大口插在笔记本电脑的 USB 插槽。

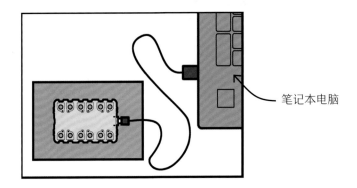

笔记本电脑

* 注: Crumble 控制器是一款简单而强大的 STEAM 工具,详见第 104 页。

从 Crumble 控制器网站上下载并运行软件。从"Basic"项下显示的条目开始，把各项命令拉拽到屏幕的右边区域。

 写一个对电机接口 1 下指令的程序。运行程序，检查挨着电机接口 1 按钮的红色 LED 灯是否被点亮。

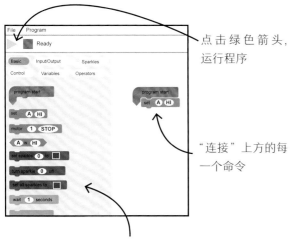

点击绿色箭头，运行程序

"连接"上方的每一个命令

如果操作错误，可以把命令拖回左边的区域

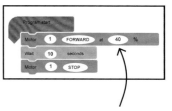

白色椭圆形按钮上的数值可以点击替换

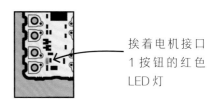

挨着电机接口 1 按钮的红色 LED 灯

关于飞椅和电动童车：

 关闭电池盒，安装 5 号电池。用两层或多层泡沫胶带将电池盒粘到第二块底板上，这样可以抬高电池盒，有利于将鳄鱼夹导线连接到终端上。

 用两根鳄鱼夹导线，将电池盒上的正极（＋）和负极（－）与控制板上挨着 USB 接口的正极和负极连接起来，如图所示。

正极（＋）   正极

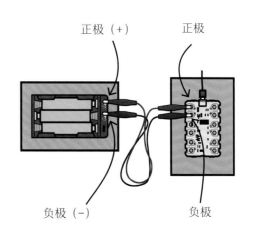

负极（－）   负极

你需要:

关于 Crumble 控制器的设置,见第 98~99 页。

1 个红色 LED 灯珠,直径 5~10 毫米

1 个黄色 LED 灯珠,直径 5~10 毫米

1 个绿色 LED 灯珠,直径 5~10 毫米

4 根鳄鱼夹导线

拼豆交通灯需要的:

直径 5 毫米的拼豆

正方形大钉板,用于直径 5 毫米的拼豆

硬纸板交通灯需要的:

瓦楞纸板,厚度为 3~4 毫米

你的工具箱:

防油纸、熨斗和熨衣板、与 LED 灯珠直径相同的钻头、钻孔机、低温热熔胶枪、铅笔、尺子、剪刀、颜料、画笔

自己编程

交通灯

制作一组 LED 交通灯,编程后让它们以正确的顺序亮起来。

⚠ 小心:使用熨斗和钻孔机时要小心,最好请大人协助。

1 使用 Crumble 控制器、底板、USB 连接线和笔记本电脑来设置你的 Crumble 装置，并按照第 98~99 页中的介绍，写一个简单的程序。用拼豆或硬纸板设计你的交通灯吧！

制作拼豆交通灯：

2 在钉板上设计拼豆交通灯。留出空间安装 LED 灯珠，支撑主体的底板和支架也要做好。

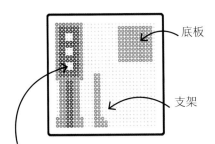

底板

支架

留出 1 个钉子的空间，以安装直径 5 毫米 LED 灯珠；或者留出 4 个钉子的空间，以安装直径 10 毫米的 LED 灯珠

3 ⚠ 用防油纸覆盖设计好的交通灯，将熨斗调到中温挡进行熨烫，直到拼豆完全熔化。

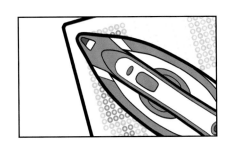

如果拼豆没有完全熔化，钻孔时交通灯板就会裂开来

4 待熔化的拼豆冷却下来，将它从钉板上取下并翻面，盖上防油纸，再次进行熨烫。

5 ⚠ 夹住交通灯板，然后在安装 LED 灯的位置上钻出直径与 LED 灯相同的孔。将做好的部件用胶粘牢。

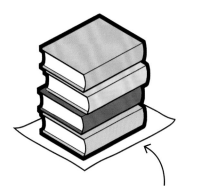

冷却时，在拼豆上面压几本厚书以防变形

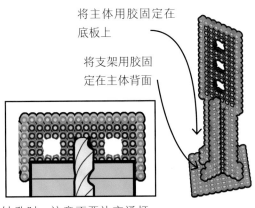

将主体用胶固定在底板上

将支架用胶固定在主体背面

钻孔时，注意不要让交通灯板裂开

制作硬纸板交通灯：

 在瓦楞纸板上画出并剪下你设计的交通灯主体，以及支撑主体的底板和支架。

 制作 LED 灯珠的孔，将铅笔插进硬纸板并旋转。

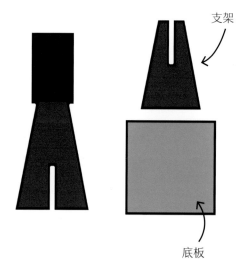

支架

底板

如果使用直径 5 毫米的 LED 灯珠，确保它们与孔紧密贴合

 如果使用直径 10 毫米的大 LED 灯珠，将剪刀闭合，插进每个孔中并旋转，使得孔洞扩大，与 LED 灯珠密切贴合。

为部件涂色，待其干燥，然后将主体和支架插在一起，并用胶固定在底板上。

大 LED 灯珠也要与孔紧密贴合

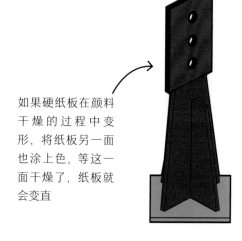

如果硬纸板在颜料干燥的过程中变形，将纸板另一面也涂上色，等这一面干燥了，纸板就会变直

制作完成交通灯：

 将 LED 灯珠插进孔中。将红色 LED 灯珠的短腿向下轻轻弯折，将绿色 LED 灯珠的短腿向上轻轻弯折。将黄色 LED 灯珠的短腿对半弯折，夹住另外两个灯珠的灯腿。

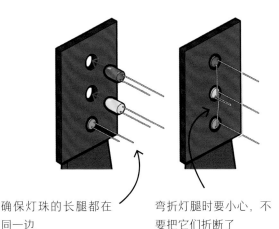

确保灯珠的长腿都在同一边

弯折灯腿时要小心，不要把它们折断了

 将鳄鱼夹导线的一端夹在 LED 灯珠 3 条短腿的连接处。将另一端夹在 Crumble 控制器的负极上，如下图所示。

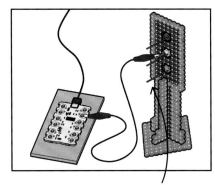

将灯的长腿轻微弯曲到一边，避免与鳄鱼夹导线接触

12 用鳄鱼夹导线将 Crumble 控制器上的接线口 A 与红色 LED 灯珠的长腿连接起来。将灯腿滑入鳄鱼夹导线的塑料套管。

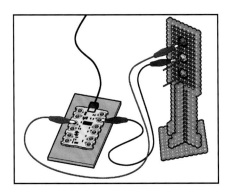

确保金属夹不会碰到 LED 灯珠的短腿

13 用鳄鱼夹导线将接线口 B 与黄色 LED 灯珠的长腿连接起来。并用最后一根鳄鱼夹导线将接线口 C 与绿色 LED 灯珠的长腿连接起来。

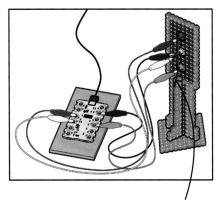

将灯腿滑入鳄鱼夹导线的塑料套管

为交通灯编程：

 写一个程序，使得红灯亮1秒钟后熄灭。接着写一个程序，让3个灯珠依次亮灭。

 现在按实际情况为交通灯编程。以中国的交通灯为例，依次亮起红灯（停）、绿灯（出发）、黄灯（准备停止），然后回到开头再次循环（红灯）。

这是编程的一个例子，让红灯亮起后熄灭

这是编程的一个例子，显示的是交通灯的亮起顺序

让红色 LED 灯珠亮起

让红色 LED 灯珠亮起

让黄色 LED 灯珠亮起

让绿色 LED 灯珠亮起

让红色 LED 灯珠熄灭

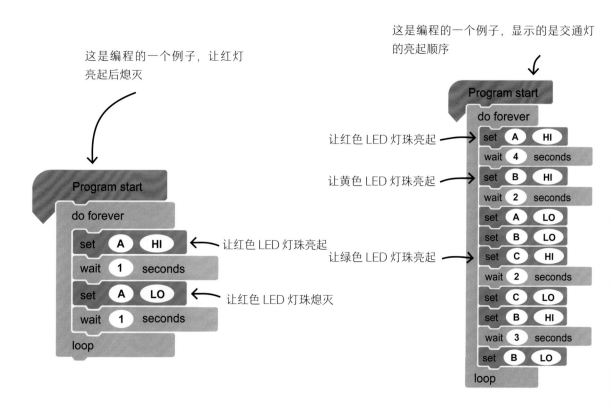

工作原理：

Crumble 控制器是一个与电脑连接的电路板。电脑通过 USB 导线传递信号给 Crumble 控制器，告诉它设置每个终端的输出是"高"或者"低"（通过"HI"或"LO"显示）。当输出显示为"高"时，LED 灯就会亮起。

现在你可以：

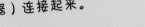

* 按自己的喜好设定交通灯亮起和熄灭的顺序。

* 找出其他国家交通灯的亮起顺序（如法国或美国），并为它写一个程序。

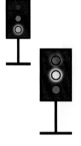

* 跟朋友一起做一组交通灯。用鳄鱼夹导线将终端 D 与两个 Crumble 控制器连接起来。为这两组交通灯写程序，使得一组还是红灯，而另一组已经完成了一个循环，并设置 D 的输出为"HI"（如下所示）。等 D 显示为"HI"时，另一组交通灯才能开始下一个循环，这样可以避免汽车相撞！

* 将超声波传感器与电池盒（可从 Redfern Electronics 供应商那里购得，见第 7 页）连接起来，然后为你的交通灯编程，使交通灯一直显示红灯，直到有"车"到达。将终端 T（传感器）与终端 C（Crumble 控制器）连接起来，并将终端 E（传感器）与终端 D（Crumble 控制器）连接起来。

你可以使用这个命令来等待超声波传感器显示"车"已经到达的信号

你需要:

关于 Crumble 控制器的设置,见第 98~99 页。

1 个小电机

2 根鳄鱼夹导线

1 个塑料盆或碗,直径为 12~16 厘米

两张旧 CD

1 个塑料牛奶瓶盖

1 个塑料瓶,瓶盖直径为 4 厘米

1 个滑轮,直径为 5 厘米

1 根木棒,与滑轮中心的孔相匹配

1 个软塞

卡片,厚度为 1.2 毫米

1 根橡皮筋

1 个电机架

两根自锁式尼龙扎带,长度 25~30 厘米

彩色 A4 卡片

6 个小玩具

你的工具箱:

双面泡沫胶带、剪刀、低温热熔胶枪、粘土免钉胶、铅笔、尖头剪刀、尺子、卷笔刀、台虎钳、儿童手工锯、带有直径与木棒相同的钻头的钻孔机、胶带

自己编程

飞椅

建造一架刺激的游乐场飞椅,并用简单的程序控制它。

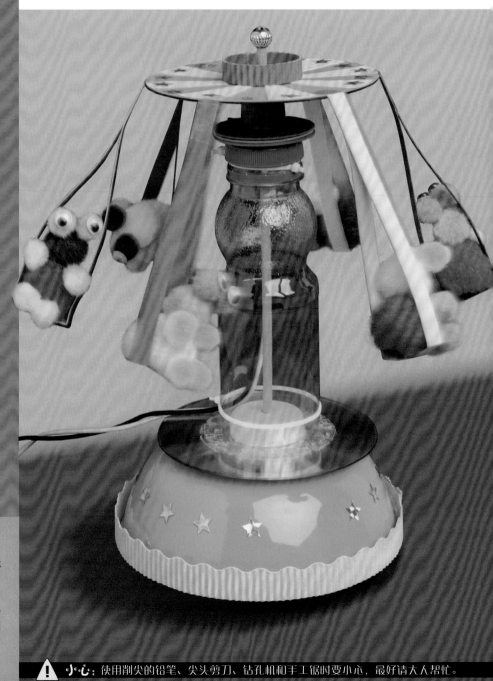

⚠ **小心:** 使用削尖的铅笔、尖头剪刀、钻孔机和手工锯时要小心,最好请大人帮忙。

使用 Crumble 控制器、两个底板、USB 连接线、笔记本电脑、电池盒、3 节 5 号电池和两根鳄鱼夹导线来设置你的 Crumble 装置,并为其提供动力,按照第 98~99 页中的介绍,写一个简单的程序。

 用鳄鱼夹导线将 Crumble 装置上的电机接口 1 与电机终端连接起来,如下图所示。打开开关,运行程序,检查电机轴的运转情况。关闭开关,断开电机连接。

 在牛奶瓶盖上刺一个孔(见第 18 页,步骤 5)。把孔扩大,使得木棒能够在孔中自如地旋转。把盆倒扣,将 CD 用胶固定在盆底。再将瓶盖粘在 CD 的顶部,瓶盖开口的一端朝下。

开关在这里

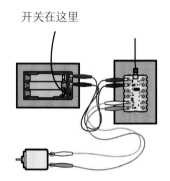

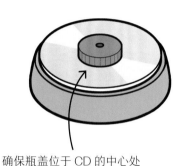

确保瓶盖位于 CD 的中心处

 将塑料瓶的底部剪掉。在瓶身的切口处剪出长 1 厘米、宽 1.5 厘米的侧边,将其向外弯成直角。用胶将瓶子粘在 CD 上。

  拧下饮料瓶的瓶盖,在厚卡片上沿着饮料瓶盖画圈,然后剪下来。用台虎钳夹住圆形卡片,在中心处钻一个孔。

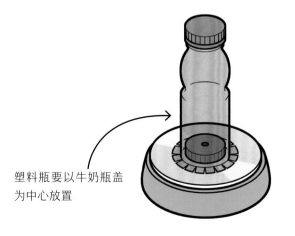

塑料瓶要以牛奶瓶盖为中心放置

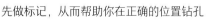

先做标记,从而帮助你在正确的位置钻孔

6 在瓶盖上刺一个孔（见第 18 页，步骤 5）。用铅笔让孔扩大，直到木棒能够在孔中自如地旋转。

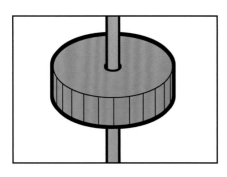

你可以把孔刺穿，这样木棒就能自如地旋转

7 将瓶盖拧回瓶子上。让木棒穿过两个瓶盖的孔，直到它触到塑料盆。在木棒上做一个标记，如下图所示。

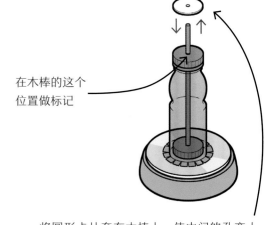

在木棒的这个位置做标记

将圆形卡片套在木棒上，使中间的孔变大，然后取下来

8 将木棒取出，在标记上方 2 毫米处做第二个标记。再在第二个标记上方 5 厘米处做第三个标记。在第三个标记处将木棒锯断。

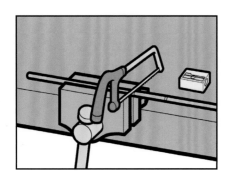

用卷笔刀将木棒的两端略微削尖，注意不要削得过尖

9 垂直夹住木棒，将滑轮套在木棒上，向下推至木棒上方的标记处。将木棒放回瓶中，确保滑轮未碰到瓶盖，然后取出木棒。

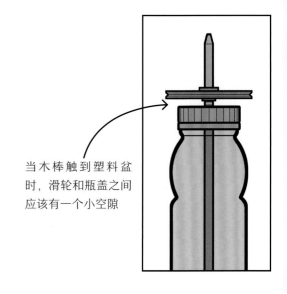

当木棒触到塑料盆时，滑轮和瓶盖之间应该有一个小空隙

将软塞锯成两半。在其中的一半上钻一个孔，将它套在木棒上，向下推至刚好触到滑轮。用胶将第二张 CD 固定在这半个软塞上。

 将软塞的顶部和 CD 的内圈用胶粘在一起，然后将圆形卡片套在木棒上，向下推并与 CD 粘合。将橡皮筋套在滑轮上，然后将木棒放回瓶中。

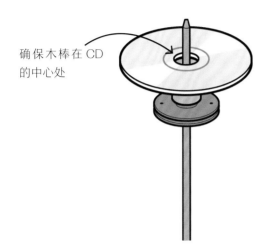

确保木棒在 CD 的中心处

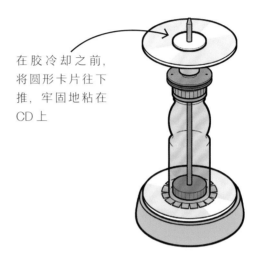

在胶冷却之前，将圆形卡片往下推，牢固地粘在 CD 上

 将电机固定在电机架上。将电机架粘在瓶盖的一侧，如下图所示。电机轴与滑轮的 V 形沟槽对齐。

13 在合适的位置，用尼龙扎带捆紧电机和电机架。将尼龙扎带末端多余的部分剪掉。将橡皮筋套在电机轴上。

通过上下推动电机，调节电机的高度

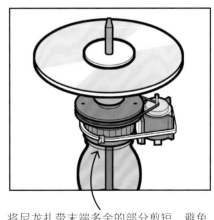

将尼龙扎带末端多余的部分剪短，避免装置旋转时碰到椅子

14 将鳄鱼夹导线重新连接到电机接口上。用尼龙扎带将导线捆在瓶子底部。打开电池盒的开关，运行程序，检查 CD 的旋转情况，然后关闭开关。

15 将卡片剪成 1 厘米宽的条状，制作椅子。将条状卡片围绕玩具折叠成长三角形，然后将顶部用胶带粘起来，如下图所示。

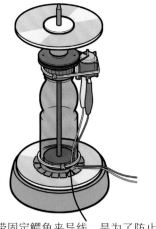

用尼龙扎带固定鳄鱼夹导线，是为了防止椅子旋转时被导线缠住

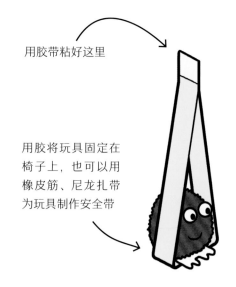

用胶带粘好这里

用胶将玩具固定在椅子上，也可以用橡皮筋、尼龙扎带为玩具制作安全带

16 将椅子粘到 CD 上。将重量相等的玩具放在相对的位置上，这样飞椅才能保持平衡。打开开关，飞椅就会载着玩具旋转起来。

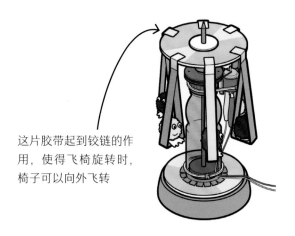

这片胶带起到铰链的作用，使得飞椅旋转时，椅子可以向外飞转

工作原理：

　　当飞椅不转时，由于重力，椅子垂直悬挂。当飞椅旋转时，椅子向外飞转。椅子除了要抵抗重力支撑玩具，还对玩具施加一种向内的拉力，使得它们能够以圆形轨道运行。当飞椅旋转速度加快时，就需要更多向内的拉力，所以椅子可以在更大的角度上飞转。

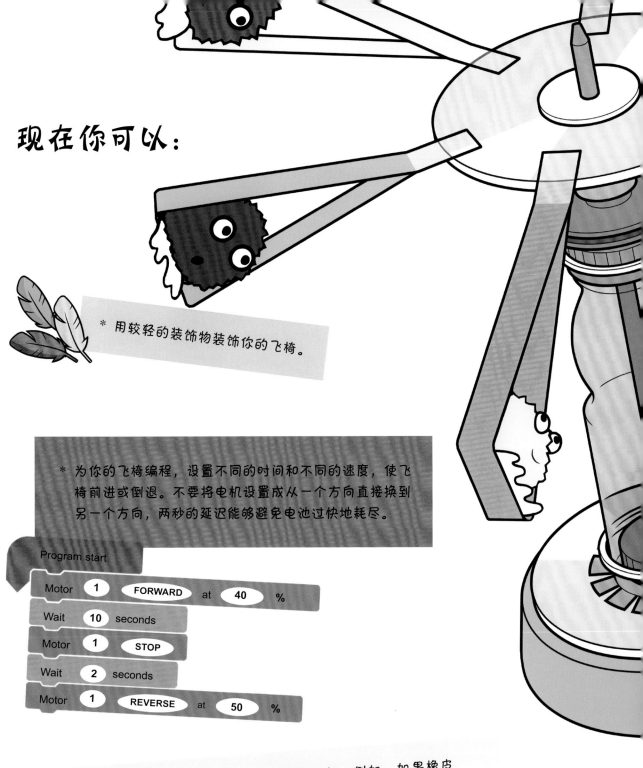

现在你可以：

* 用较轻的装饰物装饰你的飞椅。

* 为你的飞椅编程，设置不同的时间和不同的速度，使飞椅前进或倒退。不要将电机设置成从一个方向直接换到另一个方向，两秒的延迟能够避免电池过快地耗尽。

```
Program start

Motor    1    FORWARD    at    40    %

Wait    10    seconds

Motor    1    STOP

Wait    2    seconds

Motor    1    REVERSE    at    50    %
```

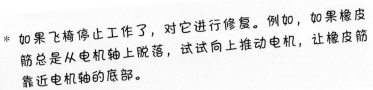

* 如果飞椅停止工作了，对它进行修复。例如，如果橡皮筋总是从电机轴上脱落，试试向上推动电机，让橡皮筋靠近电机轴的底部。

你需要:

关于 Crumble 控制器的设置,见第 98 ~ 99 页。

- 4 根鳄鱼夹导线
- 两个小电机
- 两个电机架
- 瓦楞塑料板或硬纸板,厚度 3~4 毫米、30 厘米 ×30 厘米
- 3 根塑料吸管(能够宽松地套在木棒上)
- 1 根木棒,长度 60 厘米,与滑轮的孔匹配
- 两个滑轮,直径 3~4 厘米
- 4 个塑料牛奶瓶盖
- 两根橡皮筋,0.1 厘米 ×0.15 厘米 ×6 厘米
- 两个电机皮带轮(见第 92 页)
- 10 根细尼龙扎带
- 两根标准尼龙扎带,长度 20 厘米
- 备选:乘客人偶或较轻的装饰物
- 备选:气球或自行车内胎

你的工具箱:

马克笔、尺子、剪刀、儿童手工锯、台虎钳、削尖的铅笔、粘土免钉胶、卷笔刀、双面泡沫胶带

自己编程

电动童车

制作一辆无人驾驶的电动童车,给它编程,使它可以跑动、转弯并停下!

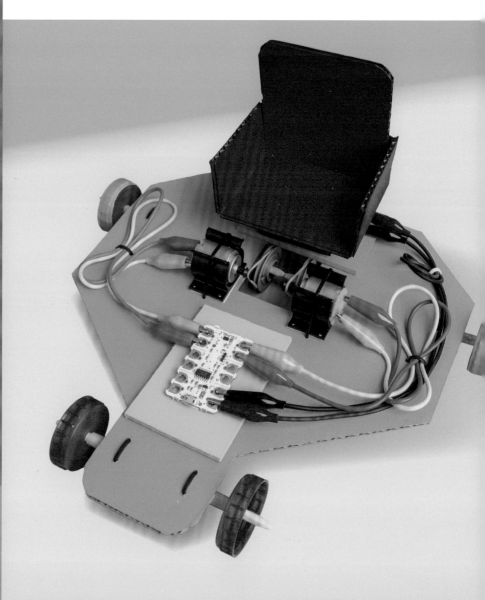

⚠ **小心:** 使用削尖的铅笔时要小心。

使用 Crumble 控制器、两个底板、USB 连接线、笔记本电脑、电池盒、3 节 5 号电池和两根鳄鱼夹导线来设置你的 Crumble 装置，并为其提供动力，按照第 98~99 页中的介绍，写一个简单的程序。

 将 Crumble 控制器上电机接口 1 的正极（+）和负极（-）与电机终端连接起来。将电机接口 2 与第二个电机连接起来。打开开关。

 写一个程序来运行两个电机。下图是一个示例。运行程序，检查两个电机轴是否都在转动。关闭开关，拔掉 USB 连接线。

开关在这里

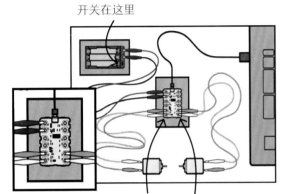

电机接口 1　电机接口 2

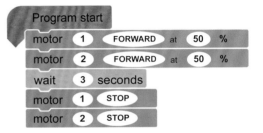

以 50% 的功率或稍小的功率运行电机，否则 Crumble 控制器可能会因为动力不足无法启动

 弄清楚电动车工作的原理。电机皮带轮利用橡皮筋驱动传动轴上更大的滑轮。吸管使轴转动。

 将电机置于底座上，并将各个部件摆在瓦楞塑料板上。将重的部件放置于驱动轮一端，使其抓力更强。

非驱动轴连接的车轮能自由转动

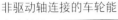

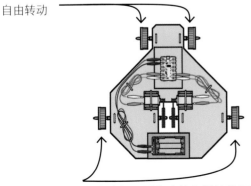

驱动轴连接的车轮由电机通过橡皮筋和滑轮装置驱动

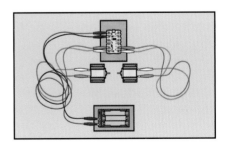

将重的部件放置于驱动轮附近，以便驱动轮转向

在瓦楞塑料板上画出电动童车底座的草图，并剪下来。如果要把两个滑轮安装在中间的狭槽里，狭槽至少要 4 厘米宽。如下图所示。

设计示例

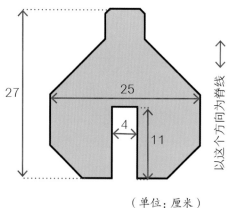

（单位：厘米）

脊线应该沿着电动童车延伸，以减少弯曲

 剪一段吸管，放在电动童车底座上，如下图所示。剪一段木棒，比刚才剪好的吸管长 5 厘米。在每个车轮上刺一个孔（见第 18 页，步骤 5）。

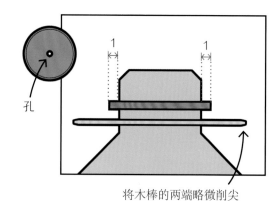

孔

将木棒的两端略微削尖

（单位：厘米）

 在吸管与底座接触的那一面粘上双面泡沫胶带，将吸管粘在底座上。将木棒插入吸管中，并将车轮开口朝外套在木棒两端，如下图所示。车轮应该牢固地卡在木棒上。

在车轮和吸管之间留下一小段空隙

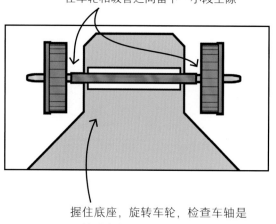

握住底座，旋转车轮，检查车轴是否转动自如

 在胶带的两侧刺孔，如下图所示。将细尼龙扎带穿过孔，轻轻地固定吸管，使其停止转动。确保车轴仍然能够自由转动。

将尼龙扎带多余的部分剪掉

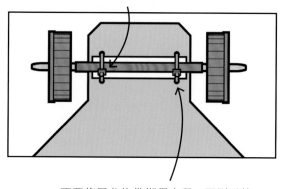

不要将尼龙扎带绑得太紧，否则吸管会压住车轴，使其停止转动

10 安装驱动轮。剪一段吸管,放在底座上,如下图所示。剪一段木棒,比刚才剪好的吸管长 4 厘米。将滑轮安装在木棒上,使得它与木棒末端距离 1 厘米,并将木棒插入吸管中。确定它们在底座上的位置,并用笔做标记。

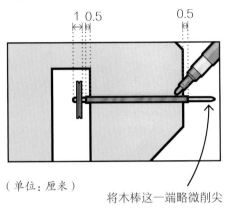

1 0.5   0.5

(单位:厘米)

将木棒这一端略微削尖

11 套上车轮,在车轮与吸管之间留出空隙。用双面泡沫胶带将吸管粘在底座上,然后用尼龙扎带将吸管轻轻地绑住。

留出空隙

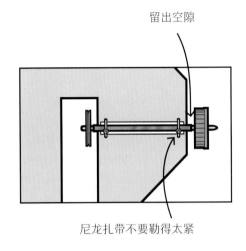

尼龙扎带不要勒得太紧

12 重复步骤 10 和步骤 11,安装第二个驱动轮。确保两根木棒之间留有空隙。将底座翻过来。

确保两根木棒之间留有空隙

13 断开电机的连接,安装电机皮带轮。在每个滑轮组上套一根橡皮筋。轻拉橡皮筋套住电机皮带轮,用尼龙扎带将电机架固定在底座上。

如果橡皮筋触到了狭槽的底部,剪一个更深的狭槽

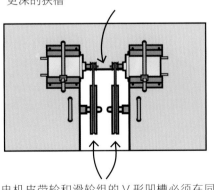

电机皮带轮和滑轮组的 V 形凹槽必须在同一条直线上,以防止橡皮筋脱落

14 将 Crumble 控制器和电池盒装置固定在电动童车底座上，并重新连接电机。打开开关，检查两个驱动轮能否向前转动。然后关闭开关。

整理导线，并用尼龙扎带将它们固定在底座上

如果车轮向后转动，将连接电机的鳄鱼夹导线换位，使车轮向前转动

16 点击绿色的箭头，将这个程序下载到 Crumble 控制器上。拔下 USB 连接线，将电动童车放到地板上，打开开关，测试你的程序。

15 将电动童车放在平滑的地板上，打开开关，检查它是否向前移动。然后关闭开关，重新连接 USB 连接线，给电动童车编程，使其能够按不同的运动模式表演，例如向前走、向后走或绕圈旋转。下面是一个例子。

记住以 50% 的功率或更小的功率开启电机

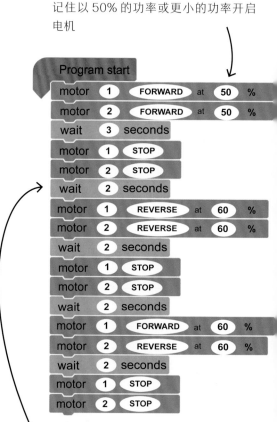

Program start					
motor	1	FORWARD	at	50	%
motor	2	FORWARD	at	50	%
wait	3	seconds			
motor	1	STOP			
motor	2	STOP			
wait	2	seconds			
motor	1	REVERSE	at	60	%
motor	2	REVERSE	at	60	%
wait	2	seconds			
motor	1	STOP			
motor	2	STOP			
wait	2	seconds			
motor	1	FORWARD	at	60	%
motor	2	REVERSE	at	60	%
wait	2	seconds			
motor	1	STOP			
motor	2	STOP			

切换前进和倒车时，要设置延迟的时间，以防损耗电池

现在你可以：

* 装饰你的电动童车，增加一位重量较轻的乘客。

* 给电动童车编程，使它能够进行三点掉头、平行停车和沿直线前进。

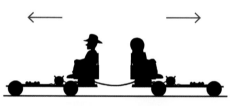

* 和朋友的电动童车比赛，或者在两辆车之间系上绳子拔河。你可以用气球或者自行车内胎做驱动轮的轮胎，增加其抓地力。

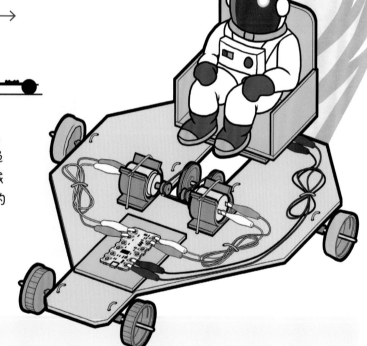

工作原理：

电机转动的速度非常快，而扭矩（旋转力）很小，不能用电机直接驱动车轮。作为代替，可以让电机轴上的电机皮带轮通过橡皮筋驱动轮轴上的滑轮。这样一来，车轮转动的速度就会慢于电机，同时扭矩增大，推动电动车前进。例如，如果电机皮带轮的直径为 3 毫米、滑轮的直径为 30 毫米，那么滑轮的转动速度就是电机皮带轮的十分之一，而扭矩则是电机的十倍。

词汇表

齿轮：一种可以转动的机械零件，轮缘有齿，可以带动其他的齿轮。齿轮的尺寸不同，其转速也不同。

弹性势能：拉伸橡皮筋，然后放手，橡皮筋会恢复原状。拉伸橡皮筋时储存在其中的能量就是弹性势能。

导体：导体是易于传导电流的物质。金属是电的良导体。

电池/电池组：将化学能转化为电能的装置。电池组是两个或两个以上电池连接在一起的装置。它可以"推动"电路中的电流。

垫片：置于两个零件之间的材料，例如一块木头。垫片会使零件隔开一定的距离。

动能：物体因运动产生的能量。物体运动的速度越快、质量越大，其产生的动能就越多。

短路：电流几乎不受阻碍地流经电路，使得电池耗损，局部温度骤然升高。

反射：当光照射在镜子等光滑物体的表面时，会被反弹回去。这就是反射。

负电荷：所有的物体都是由很多微小的带正电和带负电的粒子构成，两者的数量通常相等。如果两者的数量变得不平衡了，我们就说该物体带正电荷或者是负电荷。负电荷能吸引正电荷。如果通过导体将两者连接在一起，电荷就会流过导体。

负荷：指物体能承载的重量。在制作雪糕棒桥的实验中，负荷就是桥支撑的重量。

轨道：一个物体围绕另一个物体运行的路径。例如，地球绕太阳的轨道运行。

绝缘体：绝缘体是指不允许电流通过的材料。塑料、木头和橡胶都是绝缘体。电线常靠包裹塑料外皮进行绝缘，以此保证电流只沿着电线传导。

力：力可以是推力，也可以是拉力。虽然我们看不到力，但是常常可以看到力的作用效果——改变物体的速度、运动方向以及形状。

流线型：物体被设计成流线型是为了减少在水中或空气中运动时受到的阻力，这样物体就可以更轻快地前进。

龙骨：船的一部分，沿着船底中线连接船头和船尾。龙骨的作用是帮助船向指定方向前进。

滤色镜：滤色镜是由只允许特定颜色的光通过的材料制成。例如，红色滤色镜只允许红光通过，而阻止所有其他颜色的光。

模板：有特定形状的工具，可以沿着其边缘画出或剪下相应的形状。

摩擦力：一个物体在另一个物体表面滑动或试图滑动时，接触面产生的一种力。摩擦力有很多益处，例如防止自行车轮胎在地面上打滑。

扭矩：作用于物体的旋转力或扭力。

偏移量：偏移量是指某个物体偏离中线的距离。在振动刷怪兽的实验中，圆木盘的偏移量是指安装孔偏离圆木盘中心的距离。

升力：一种推动飞机上升并保持其在空中不落下的力。与地球引力相反，引力会将飞机拉向地面。

压力：压力就是向一个区域内施加的推力。挤压密封的塑料瓶，让瓶内的物质承受压力。如果瓶内充满空气，空气会被轻易地挤压在更小的空间内，而水却不能这样。

压缩空气：空气是一种气体。与固体和液体相比，气体中的粒子距离更远，因此可以将它们压缩在更小的空间内。

正电荷：正电荷会被负电荷吸引。（参见"负电荷"）

重力：一种将物体向下拉至地面的力。物体的质量越大，将它往下拉的力就越大。

重心：将物体自由悬挂在一个点上，其重心总是落在该点的正下方。这个物体的重量看似全部集中在重心上。

轴：穿过轮子中心的棒，使轮子旋转。